Matthias Rickling

1969

Technik aus deinem Geburtsjahr

Du bist so alt wie die ...

Diskette

FRANZIS

Bibliografische Information der Deutschen Nationalbibliothek

Die Deutsche Nationalbibliothek verzeichnet diese Publikation in der Deutschen Nationalbibliografie; detaillierte bibliografische Daten sind im Internet über http://dnb.ddb.de abrufbar.

© 2019 Franzis Verlag GmbH, Richard-Reitzner-Allee 2, 85540 Haar bei München

Autor: Matthias Rickling

Konzept und Produktmanagement: Florian Greßhake

Sprachlektorat: Sibylle Feldmann

Cover: Julie Kechter

Layout & Satz: Nelli Ferderer, *nelli@ferderer.de*

ISBN: 978-3-645-60640-0

Eine Zeitreise in Ihr Geburtsjahr

Jedes Jahr bringt neue technische Erfindungen, Gadgets, Highlights und Flops mit sich. Gerne erinnern wir uns zurück an die technischen Spielzeuge aus unseren Kindheitstagen, aber auch an die bahnbrechenden Entdeckungen und Produkteinführungen, die das Leben für immer veränderten.

1969 war ein ganz besonderes Jahr. Matthias Rickling – Technikexperte für die 60er-Jahre und nebenberuflich Zeitreisender – zeigt Ihnen, welche technischen Highlights Ihr Geburtstag mit sich brachte.

Inhaltsverzeichnis

Weltraum, Woodstock und der Willy

Ja, es sind wohl diese drei großen Ws, an die sich die meisten Menschen erinnern, wenn sie auf das Jahr 1969 zurückschauen.

Als Erstes natürlich der Weltraum, dessen unendliche Weiten inzwischen von immer mehr Satelliten und Sonden durchmessen wurden und der Menschheit klarmachten, welch Mickerigkeit ihre Welt im Vergleich zum gesamten Universum ist. Und dann selbstverständlich jenes Ereignis, das zweifelsohne zu den historisch bedeutendsten, technisch hervorragendsten und menschlich mutigsten Begebenheiten des 20. Jahrhunderts zählt: die Landung der ersten Menschen auf dem Mond.

Und während einer der tollkühnen Flieger mit einem philosophischen Spruch über Schritt und Sprung von Mensch und Menschheit das Space Race beendete, suchten sie dort unten auf Mutter Erde nach Alternativen. Alternativen in jeglicher Hinsicht. Neue Formen und Farben bei Möbeln und Autos belebten den Alltag. Im Radio konnte man neben den altbackenen Schlagern auch psychedelischen Klängen und den härteren Tonarten der Rockmusik lauschen, während im Kino seichte Heintje-Filmchen mit knochenharten Edelwestern und lüsterne Oswalt-Kolle-Dokus mit wilden Roadmovies um die Gunst des Publikums wetteiferten.

Die Jugendlichen machten sich vielerorts mit fremden Religionen, unbekannten Rauschmitteln und merkwürdigen Rastalocken auf die Suche nach einem Gegenvorschlag für ein bewussteres Leben. Weltweiter Höhepunkt der Hippie-Romantik war das zweite große W, das Woodstock-Festival, das nicht nur der Rockmusik ein neues Image verpasste, sondern auch ein Bild vom friedliebenden Amerika zeichnete, das man angesichts der grauenhaften Nachrichten aus Vietnam kaum erwarten durfte. Mit Flower-Power gegen Napalmbomben – ein beeindruckendes, aber leider auch weitgehend zweckloses Unterfangen. In Deutschland hatten sich die revolutionären Studenten des vergangenen Jahres zunehmend beruhigt, und die wilden Demos waren sanftmütigen Sit-ins mit Räucherkerzen und Lavalampe gewichen. Die meisten »Ho-Ho-Ho-Chi-Minh«-Rufer von gestern gingen nun weiter ihrem akademischen Alltag nach, um sich möglichst bald der Karawane ans Mittelmeer anschließen zu können, das in jenen Tagen von Touristenmassen geradezu überrannt wurde und zum »Teutonengrill« avancierte. Und sollte der zukünftige Job weder Capri-Reise noch Ford Capri hergeben, bot der Fernseher als letzte Hoffnung zur Erfüllung aller Träume die Ziehung der Lottozahlen, die im September erstmals ausgestrahlt wurde.

Sogar in der Politik konnte ein Hoffnungsschimmer wahrgenommen werden. Zugegeben, die Beziehungen zwischen BRD und DDR waren 20 Jahre nach ihrer offiziellen Scheidung ein wenig angespannt, hatte man auf ostdeutscher Seite doch gerade zu Anfang des Jahres damit begonnen, die innerdeutsche Grenze mit martialischen Betonwachttürmen zu versehen. So kam es immer wieder zu kleinen Missliebigkeiten und

Machtprotzereien – wie das so ist zwischen zwei überzeugten Vertretern verschiedener Systeme, die nicht miteinander sprechen können. Glücklicherweise waren die Spannungen zwischen den Supermächten nicht atomar eskaliert, auch wenn man im vergangenen Jahrzehnt mehrfach nur haarscharf daran vorbeigeschrammt war. Und dann kam Willy und sorgte zunächst im politisch verknöcherten Westdeutschland für Aufbruchstimmung. Die sozialliberale Koalition trat mit dem Versprechen an, mehr Demokratie zu wagen, und nahm die Kritik an den herrschenden autoritären Verhältnissen durchaus ernst. Kaum hatte Willy Brandt die Wahl zum Bundeskanzler in der Tasche, bemühte er sich auch schon um eine entspannte Außenpolitik gegenüber der DDR und dem Ostblock. Seine Bemühungen trugen ihm viel Lob und Ehre ein, auch wenn es noch jahrelangen Engagements bedurfte, bevor sie Früchte trugen.

Und neben Weltraum, Woodstock und Willy machten Ingenieure, Erfinder und Nerds das Jahre 1969 einzigartig. Es entstanden Dinge, die unser Leben bis heute beeinflussen oder uns noch heute einfach nur staunen lassen.

1969

Timeline

3. Januar
Im ZDF startet mit der Folge »Toter Herr im Regen« die 97-teilige Fernsehserie »Der Kommissar« mit Erik Ode.

18. Januar
Um 18:50 Uhr wird die erste von insgesamt 368 ZDF-Hitparaden (bis 2000) ausgestrahlt.

20. Januar
Richard Nixon löst Lyndon B. Johnson im Amt des Präsidenten der USA ab.

5. März
Gustav Heinemann (SPD) wird zum Bundespräsidenten der BRD gewählt.

29. März
Beim Grand Prix Eurovision de la Chanson in Madrid müssen sich vier Interpreten das Siegerpodest teilen.

Mai
Erstmals kann das eurocheque-System auch grenzüberschreitend genutzt werden.

9. März
Mit einer Sehbeteiligung von 71 Prozent wird die erste »Peter Alexander Show« im ZDF ein Hit.

17. Juni
Für das neu eingeführte Lehrfach Sexualkunde wird der Sexual-kunde-Atlas vorgestellt und sorgt für Aufregung.

27./28. Juni

In der Christopher Street in New York wehren sich die Besucher der Homosexuellen-Bar »Stonewall Inn« gegen gewalttätige Polizeirazzien. Ein Wendepunkt der Schwulen- und Lesbenbewegung.

9./10. August

Durch mehrere Morde schockiert die Kommune um Charles Manson als »Manson Family« die Öffentlichkeit.

14. August

In Nordirland eskalieren die Unruhen zwischen Katholiken und Protestanten. Da die Polizei überfordert ist, wird die britische Armee zu Hilfe gerufen.

14. August

In den bundesdeutschen Filmtheatern läuft der Sergio-Leone-Western »Spiel mir das Lied vom Tod« an.

15. Oktober

In Washington, D.C. protestieren 250.000 Menschen gegen den Vietnamkrieg.

21. Oktober

Willy Brandt (SPD) wird vom Bundestag zum Bundeskanzler gewählt.

19. November

Apollo 12 landet auf dem Mond, und als dritter Mensch betritt ihn Charles Conrad.

13. Dezember
Der erste deutsche abendfüllende Zeichentrickfilm »Die Konferenz der Tiere« kommt in die bundesdeutschen Kinos.

19. Dezember
Der Spielfilm »Easy Rider«, von und mit Dennis Hopper und Peter Fonda, hat seine Erstaufführung in den bundesdeutschen Kinosälen.

20. Dezember
Dietmar Schönherr und Vivi Bach moderieren die erste Folge der Spielshow »Wünsch Dir was«.

24. November
»Urmel aus dem Eis«, die Kreation der Augsburger Puppenkiste, wird erstmals im Fernsehen gezeigt.

5. Dezember
Der Bericht des US-Magazins »Life« über das Massaker von My Lai schockiert weltweit die Öffentlichkeit.

31. Dezember
Der Hamburger »Star-Club«, legendär geworden durch die Auftritte der Beatles, schließt seine Pforten.

Die Besten des Jahres

Kino-Top-Ten 1969

1. Spiel mir das Lied vom Tod
2. Ein toller Käfer
3. Easy Rider
4. Pippi Langstrumpf
5. James Bond 007 – Im Geheimdienst Ihrer Majestät
6. Hurra, die Schule brennt! – Die Lümmel von der ersten Bank – 4. Teil
7. Heintje – Ein Herz geht auf Reisen
8. Oswalt Kolle – Deine Frau, das unbekannte Wesen
9. Oswalt Kolle – Zum Beispiel: Ehebruch
10. Pepe, der Paukerschreck – Die Lümmel von der ersten Bank – 3. Teil

Sport 1969

- Deutscher Fußballer des Jahres: Gerd Müller, FC Bayern München
- DFB-Pokalsieger: Bayern München
- Sieger DDR-Oberliga: FC Vorwärts Berlin

Jahreshitparade 1969

1. Michael Holm: Mendocino
2. Christian Anders: Geh nicht vorbei
3. The Archies: Sugar Sugar
4. Barry Ryan: Eloise
5. Jane Birkin & Serge Gainsbourg: Je t'aime … moi non plus
6. Adamo: Es geht eine Träne auf Reisen
7. Shocking Blue: Venus
8. Roy Black: Das Mädchen Carina
9. Peter Alexander: Liebesleid
10. Elvis Presley: In the Ghetto

Deutsche Sportler des Jahres 1969:

Damen: Liesel Westermann, Leichtathletik. Sie übertraf als erste Diskuswerferin der Welt die 60-m-Marke (1967), übertraf den Weltrekord 1969 zwei weitere Male (63,96 m) und wurde von einem amerikanischen Fachmagazin zur »Welt-Leichtathletin des Jahres« gekürt.

Herren: Hans Faßnacht, Schwimmen. Zwar unterbot er 1969 über 400 m Freistil als erster Schwimmer der Welt die vier Minuten (3:59,7 min), sein gültiger Weltrekord in dieser Disziplin betrug jedoch 4,04 min.

Automobil-Weltmeisterschaft:

1. Jackie Steward, Großbritannien, Mantra-Ford-Cosworth

2. Jacky Ickx, Belgien, Brabham-Ford-Cosworth

3. Bruce McLaren, Neuseeland, McLaren-Ford-Cosworth

Sieger der BRAVO-Otto-Leserwahl:

Filmstar männlich: Gold Pierre Brice, Silber Robert Hoffmann, Bronze George Nader

Filmstar weiblich: Gold Uschi Glas, Silber Marie Versini, Bronze Senta Berger

Ein Jahrzehnt der Raserei

Faller? Sind das nicht die …? Genau, die mit den Baukästen, in denen so ziemlich alles steckt, was Modelleisenbahner zur Realisierung ihrer Miniwelten benötigen: von der Friedhofskapelle über den Zentralbahnhof bis hin zu Straßen, auf denen seinerzeit sogar schon elektrische Autos verkehren konnten. Doch 1969 begann mithilfe von Faller in den deutschen Jungenzimmern ein Jahrzehnt der Raserei. Für diejenigen, denen keine teure Carrera-Elektrorennbahn vergönnt war, erfanden die Faller-Brüder ein neuartiges »Bewegungsspiel« mit rasanten Autos, die mittels Schwerkraft und diverser Beschleunigungselemente auf farbenfrohen Bahnen durch die Wohnung flitzten. »HitCar« nannten sie das System.

»Das Spiel mit den Autos, für die Geschwindigkeit keine Hexerei ist.« Und die »Non-Elektro-Autos« boten hohe Ingenieurskunst im Kleinen: Das Zinkgussfahrwerk mit gehärteten Stahlachsen sorgte für einen tiefen Schwerpunkt, extra lange Radlager und Spezial-Kugelkopfhalterungen lieferten einen hervorragenden Radlauf, und die Kunststoffkarosserien boten naturgetreue Modelle in **Standard**- oder **Brillantfarben.**

Ob Ferrari GT oder VW Käfer, immer ging es darum, durch einen geschickten Aufbau der Bahn die Modelle so lange wie möglich in Bewegung zu halten oder auf die tollsten Hindernisse loszulassen. Dann ging's ab über Steilkurven, Doppellooping, Sprungschanze und Glockenpilz bis ins Zieltor. Und echte HitCar-Piloten beförderten ihre Renner über eine Startplatte mit Katapult auf die Piste und setzten geschickt die Durchfahrts-, Looping- oder Wendebeschleuniger ein, in denen gespannte Gummibänder für fortgesetzten Schub sorgten.

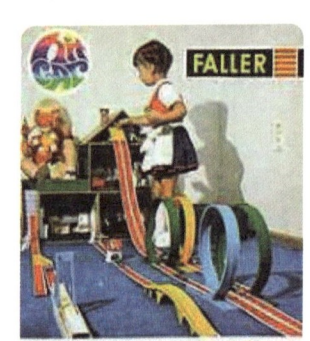

Als 1979 einer der Faller-Brüder starb, wurde das System nicht mehr weiterentwickelt. Doch die Faszination ist geblieben. Sammler feiern die Relikte dieser Raserei bis heute.

Geschwindigkeitsrekorde für DM 5.90*

Mondlandung im Spielzimmer

Eine Autorennbahn von Carrera stand in den 1960er-Jahren wohl bei jedem Jungen ganz oben auf dem Wunschzettel. Stunde um Stunde wurden die Elektroboliden im Maßstab 1 : 32 über die schwarzen Schienen gejagt, bis die Motoren glühten.

Auf der Nürnberger Spielwarenmesse im Frühjahr 1969 legte der bayerische Spielzeugproduzent nach. Carrera hob ab und behauptete: »Bei Carrera Jet sind die ersten Astronauten bereits auf dem Mond gelandet.« Die nicht ganz billigen Grundpackungen des Jet-Systems enthielten transparente Kunststoffschienen, die man an Wänden und Decke entlang kreuz und quer durch den Raum führen konnte. Über diese Schienen »flogen« dann diverse Flugobjekte wie Doppeldecker oder Starfighter. Der Clou war, dass einige Jets sogar Geschosse abfeuern oder beim Aufeinandertreffen ihr Cockpit samt Piloten »absprengen« konnten.

Highlight (und mit 160 D-Mark teuerste Variante) der Jet-Bahnen war das Apollosystem mit Raumkapsel, Astronauten, Loopingspirale und einem großen Mond aus Plastik. Bei den Flugmanövern ging es darum, die vier metallischen Astronauten im richtigen Moment so abzuschießen, dass sie sicher in einem magnetischen Mondkrater landeten.

»Faszinierend«, möchte man mit Mr. Spok meinen, doch der hohe Preis und der aufwendige Aufbau schreckten viele Interessenten ab. Das Jet-Programm wurde für Carrera ein finanzieller Misserfolg, sodass die Produktion bereits 1971 wieder eingestellt wurde. Heute sind die elektronischen Flugbahnen nur noch sehr selten zu finden und bei Carrera-Sammlern höchst begehrt.

Klapper-Dragees

Als der reichste Mann Italiens im Jahr 2015 mit fast 90 Jahren das Zeitliche segnete, betrug sein geschätztes Vermögen etwa 20 Milliarden Euro, die er mit diversen süßen Sünden, ewigen Kinderträumen und wahrhaftigen Bomben erworben hatte. Aber nein, Michele Ferrero war weder ein dubioser Politiker, noch machte er patenhafte Angebote, die man nicht ablehnen konnte. Dieser Mann war ein ehrenhafter Unternehmer, der 1957 von seinem Vater die Firma Ferrero übernommen hatte und uns seither mit Kalorienbomben verführt, die nicht nur Kinderaugen zum Leuchten bringen.

Bis 1969 hatte er sich schon mit Mon Cherie (1957), Hanuta (1959), der wahrscheinlich längsten Praline der Welt (Duplo, 1964), Nutella (1965) sowie der Schokolade mit der Extraportion Milch (Kinder Schokolade, 1967) und Ferrero Küsschen (1968) auf zahllosen Hüften verewigt. 1969 landete er mit kleinen weißen Minzbonbons, die lustig in ihrer durchsichtigen Plastikverpackung rappelten, einen neuen Coup: »Tic Tac«. Zuerst erquickten sich die Amerikaner an den Klapper-Dragees, dann durften sich auch die Europäer ihren Atem erst minzig (1972), dann auch orangig (1975) erfrischen. Tic Tac, ein kleines Kügelchen für einen Menschen, aber ein riesiger Sprung für den erfrischten Atem.

Geht immer: Drehfleisch und Wurmeis

Der höchste Fernsehturm, die längste Mauer und die Currywurst sind eindeutig Schöpfungen, die in der Spree-Metropole kreiert worden sind. Nicht so eindeutig ist die Sache mit dem Fleisch vom »sich drehenden Spieß«, das mit Salat und Soße in ein Fladenbrot gepackt auf einer Poleposition deutscher Fastfood-Junkies steht. Selbst der »Verein türkischer Dönerhersteller« – so etwas gibt es tatsächlich – ist davon überzeugt, dass Berlin die Heimat des »Karussell-Fleischs« sei, das erstmals 1972 oder schon 1971 in einem Imbiss am Bahnhof Zoo oder Kreuzberg präsentiert worden sei.

Doch kürzlich meldete sich türkische Konkurrenz aus der schwäbischen Provinz. Aufgewachsen in Bursa, einer der unbestrittenen Geburtsstätten des Döner Kebab, kam Nevzat Salim 1968 ins baden-württembergische Reutlingen, wo er in einem Köfte- und Kebab-Betrieb arbeitete. Nach eigenen Angaben stand er schon 1969 mit einem mobilen Stand auf dem dortigen Marktplatz, wo man sich über den riesigen Leberkäse am sich drehenden Spieß wunderte.

Einige Brötchenversuche und kulturelle Überwindungen später war jener Sattmacher geboren, von dem heute bundesweit rund 15.000 Betriebe leben. Und nein, auch die Verdienste um eine der bekanntesten Speisen deutscher Eiscafés gehen nicht nach Berlin, sondern ebenfalls nach Süddeutschland. In Mannheim tüftelte Eiskonditor Dario Fontanella-Gregori 1969 an einer neuen Kreation. Schließlich drückte er Vanilleeis durch eine Spätzlepresse, häufte die Eiswürmer über Schlagsahne auf, gab Erdbeersoße und Kokosflocken darüber – fertig war das erste Spaghetti-Eis. Döner und Spaghetti-Eis, wer kann dazu schon Nein sagen?

Scheiben-Rakete mit Stern

Wie in jedem Jahr wurde auch 1969 die IAA mit Spannung erwartet. Hatte man nicht gerade den Mond erobert? Da müsste sich doch auch auf dem Parkett der Frankfurter Autoschau eine Zukunftsvision auf vier Rädern finden lassen. Außerdem, so war aus der Gerüchteküche zu hören, arbeiteten die Konstrukteure von Mercedes-Benz an einer Sensation. Sollte es tatsächlich einen Nachfolger des legendären »300-SL-Flügeltürers« geben?

Doch was die Stuttgarter Autoschmiede dann enthüllte, war »nur« ein Experimentalfahrzeug – mit Flügeltüren, immerhin. Vor den Journalisten stand der C 111, ein Supersportwagen im futuristischen Design von Bruno Sacco, mit dem in erster Linie ein neues Karosseriematerial und ein neues Motorenkonzept getestet werden sollten. Und die Technik hielt, was das Design versprach.

Unter der Hülle aus glasfaserverstärktem Kunststoff arbeitete ein Dreischeiben-Wankelmotor, der rund 280 PS entwickelte und den formel-1-tauglichen »Donnerkeil« aus dem Stand in nur 4,9 Sekunden auf 100 km/h beschleunigte. Die Höchstgeschwindigkeit lag bei 270 km/h. Ein Traum für alle gut Betuchten. Es wird erzählt, dass einige Sportwagenenthusiasten ihrer Bestellung einen Blankoscheck beilegten. Doch Mercedes winkte ab.

1971 wurde beschlossen, dass der »Wankel-Torpedo« nicht in Serie gehen würde. Der hohe Verbrauch des Rotationskolbenmotors, die mangelnde Sicherheit sowie die Nachteile der Kunststoffhaut gegenüber Stahlblech wurden bereits damals beanstandet. So geriet der C 111 zu einer Stilikone der 1970er-Jahre, die sich statt auf Autobahnen und Boulevards nur auf Teststrecken austoben durfte. Und warum nicht mit einem sparsamen Dieselmotor? Aus dem 80-PS-Aggregat, das eigentlich den gemütlichen »Strich-Acht« antrieb, holte das Versuchsgefährt – mit Turbolader und Ladeluftkühler – satte 190 PS heraus. Der C 111 überzeugte auch mit Diesel im Tank als Rekordwagen.

Im Juni 1976 brauchte es vier Fahrer und 60 Stunden, um mit einer Durchschnittsgeschwindigkeit von 252 km/h gleich 16 Weltrekorde einzuheimsen. Die »Scheiben-Rakete« mit Mercedesstern war alles in einem: Zukunftsvision und Supersportler, Designklassiker und Rekordhalter. Nur eines war der C 111 nicht: käuflich.

Spurwechsel

Schon seit den 1930ern sorgte das spanische Unternehmen Talgo mit seinen technischen Errungenschaften für moderne Eisenbahnfahrzeuge. Der Name ergab sich aus den Anfangsbuchstaben des Begriffs »Tren articulado ligero Goicoechea Oriol«, übersetzt etwa »Gliederzug in Leichtbauweise nach Goicoechea und Oriol«, wobei Letzteres den maßgebenden Ingenieur sowie den Firmenfinanzier benennt. Aluminiumleichtbau und ein tiefer Schwerpunkt der Wagen erlaubten hohe Geschwindigkeiten und viel Reisekomfort.

In den 1960er-Jahren verbanden die Talgo-Schnellzüge die wichtigsten Metropolen der iberischen Halbinsel und machten die Firma mit innovativer Technologie, Komfort und Geschwindigkeitsrekorden zum Topplayer auf dem internationalen Eisenbahnmarkt. Aufgrund der unterschiedlichen Spurweiten der Gleise (Spanien 1.668 mm, europäische Regelspurweite 1.435 mm) erhielt Spanien jedoch keinen Anschluss an das Trans-Europ-Express-Netz (TEE). An der Grenze zu Frankreich war auch für Talgo-Züge Schluss. Die Passagiere mussten umsteigen.

Um einen Übergang ohne Austausch der Achsen oder Fahrgestelle hinzubekommen, wurde auf Basis der seinerzeit modernsten Talgo-III-Einheiten ein bis dahin einmaliger Zug entwickelt. Die Fahrzeuge mit der Zusatzbezeichnung RD (Ruedas Desplazables, verstellbare Räder) erhielten seitenverschiebbare Radlager. Im Grenzbahnhof Port Bou angekommen, wurde der RD-Zug von einer Rangierlok mit Schrittgeschwindigkeit in eine spezielle Umspuranlage gedrückt, in der das Fahrwerk automatisch der veränderten Spurweite angepasst wurde.

Mit dem Sommerfahrplan von 1969 übernahm der Catalan Talgo als erster grenzüberschreitender Personenzug die regelmäßige Verbindung zwischen Barcelona und Genf – und wurde unter Eisenbahnfreunden zum gefeierten Star.

Das mutierte Kunststoffscheibchen

Wenn sich zwei deutsche Ingenieure treffen, ist die Chance groß, dass am Ende des Gesprächs eine Idee steht, die die Welt verändern könnte. Wenn es sich dabei darüber hinaus um einen ehemaligen Raketentechniker und einen Rundfunkmechaniker handelt, könnte man vermuten, dass eine solche Idee etwas Ungeheures beinhalte. Etwas, was natürlich mit Geschwindigkeit zu tun hat, viel Rauch und Lärm produziert und nur mit kilometerlangen Elektrokabeln funktioniert.

Doch als der Raketenmann Helmut Gröttrup und der Elektroniker Jürgen Dethloff am 10. September 1969 ihre Idee beim Deutschen Patent- und Markenamt anmeldeten, handelte es sich nur um eine kleine, schlichte Plastikkarte, die es allerdings in sich hatte! In der Karte befand sich ein sogenannter »Identifizierungsschalter« mit der Patentnummer DE 1945777 C3, durch den das Kunststoffscheibchen zur Chipkarte mutierte. Flach, wie es war, eroberte das kleine Helferlein mit dem dezenten goldfarbenen Modul im Nu die Geldbörsen, Portemonnaies und Brieftaschen der Welt.

Keine zehn Jahre später ersetzte Dethloff den kleinen Schaltkreis mit einfacher Logikschaltung und Minispeicher durch einen Mikroprozessor, der die schlichte Speicherkarte zur Smartcard mit kryptografischen Fähigkeiten erhob, der man auch sensible Daten anvertrauen darf.

Gut zu wissen: Die Plastikkarte ist durch die ISO-Norm 7816 in drei Größen standardisiert. Am weitesten verbreitet ist das größte Format (85,6 mm × 53,98 mm), das Format der EC-Karte und des EU-Führerscheins. Das sichtbare, meist goldfarbene Modul dient lediglich der Kontaktaufnahme zum Lesegerät, der eigentliche »Chip« befindet sich meist darunter verborgen.

69er-Jungs, die's drauf haben

Adam Guy Riess, erhält »für die Entdeckung der beschleunigten Expansion des Universums« 2011 den Nobelpreis für Physik.

Edward Norton, riskiert nicht nur im »Fight Club« eine dicke Lippe.

Akebono Tarō, aus Hawaii, der erste nicht japanische Großmeister im Sumo-Ringen.

Brian Hugh Warner, ist der gruselige Frontmann der Grotesk-Rockband »Marilyn Manson«.

Christian Michael Leonard Hawkins, nennt sich Christian Slater, interviewt einen Vampir, kämpft mit Robin Hood und kennt den Namen der Rose.

Felix Baumgartner, Adrenalin-junkie mit höchsten, längsten und größten Rekorden.

Dave Eric Grohl, ist Drummer bei »Nirvana« und Gründer der »Foo Fighters«.

Gerard James Butler, kerniger Schotte, der sich als »Chef« der »300« mit den Persern kloppt.

Ingo Oschmann, Comedian mit westfälischem Blindhuhn.

Dieter Thoma, Weltklasse-Skispringer und erster deutscher Skiflugweltmeister.

Jack Black, spielt Action und Komödien mit Bart und Gitarre.

Jason Bradford Priestley, wird als Brandon Walsh in der TV-Serie »Beverly Hills, 90210« bekannt.

Javier Bardem, spanischer Oscar-preisträger und OO7-Bösewicht.

Oliver Geissen, Allzweckmoderator für Charts, Preise und Kuschelrock.

Jens Lehmann, wird mit einem geheimnisvollen Spickzettel zum Star im Tor.

Oliver Kahn, der »Titan« im deutschen Tor.

Jörg Roßkopf, wird mit diagonalem Rückhandkonter bester deutscher Tischtennisspieler.

Oliver Knöbel, ist als Dragqueen Olivia Jones nicht zu übersehen.

Linus Benedict Torvalds, der Finne, der das Betriebssystems »Linux« entwickelt.

Markus (Josef) Lanz, »Wetten, dass…?«-Nachfolger und täglicher Talkmeister.

Oliver Mommsen, »Tatort«-Ermittler in Bremen.

Matthew McConaughey, Oscar-Preisträger, Womanizer und Magic Mike in einem.

Peter Dinklage, der Kleinste unter den großen Stars von »Game of Thrones«.

Matthias Kahle, deutscher Rallyemeister 1997, 2000, 2001, 2002, 2004, 2005 und 2010.

Roy Jones, Boxweltmeister im Mittel-, Supermittel-, Halbschwer-sowie Schwergewicht.

Michael Schumacher, als erfolgreichster Pilot der Formel 1 eine lebende Legende.

Sean John Combs, rappte sich als »Puff Daddy« in die Grammy-Liga.

Zach Galifianakis, bärtiger Komiker, der in Las Vegas einen fürchterlichen »Hangover« erlebt.

Zeit ist Quarz

Was es genau mit den piezoelektrischen Eigenschaften des kristallenen Quarzes auf sich hat, lässt sich vermutlich nur mit hinreichenden physikalischen Kenntnissen ergründen. Zumindest wurde bereits 1880 zufällig entdeckt, dass sich reines Siliziumdioxid elektrisch zum Schwingen bringen lässt. Einige Jahre später stellte sich zudem heraus, dass dieser zum Schwingen erregte Quarz schön regelmäßig schwingt und daher sehr viel besser als Taktgeber für Uhren taugen könnte als ein Pendel.

Um 1930 wurden schließlich die ersten Quarzuhren entwickelt. Sie kamen zwar noch in Kühlschrankgröße daher, wichen jährlich aber nur noch geringfügig von der astronomischen Norm ab.

1938 entwickelte ein deutsches Uhrenunternehmen die erste tragbare Quarzuhr, die nicht mehr nur als Präzisionsmessvorrichtung in den Laboratorien Dienst tun musste. Beim anschließenden Wettlauf um die erste Quarz-Armbanduhr hatten die Schweizer die Nase zunächst vorn, mussten sich aber letztlich dem japanischen Uhren-Multi Seiko geschlagen geben, der Weihnachten 1969 die serienreife »Astron« vorstellte. Noch kostete solch ein fernöstliches Wunderwerk fürs Handgelenk so viel wie ein Auto, doch wenige Jahre später wurden Quarzuhren in jeglichen Formen zum billigen Massenartikel, der die althergebrachte Uhrenindustrie Europas in eine langjährige »Quarz-Krise« stürzte.

Wenn's richtig tickt

Wissenschaftler mögen es genau. Und wenn eine normale, gute Uhr pro Tag etwa eine Sekunde von der tatsächlichen Uhrzeit abweicht, ist das für Wissenschaftler nicht nur ungenau, sondern untragbar. Also begannen die Forscher schon ab den 1940er-Jahren damit, einen Ersatz für die ungenauen Taktgeber ihrer Uhren zu suchen. Pendel, Unruh und Quarz flogen raus und wurden durch Ammoniak-Moleküle, später durch Cäsium-Atome ersetzt – fertig war ein extrem genauer Wecker, dessen Werte sämtlichen Uhren der Welt vorgeben, was die Stunde geschlagen hat.

1955 wurde schließlich in Großbritannien eine Cäsium-Atomuhr entwickelt, deren zuverlässige Genauigkeit zur internationalen Definition einer Sekunde gereichte: »Die Sekunde ist das 9.192.631.770-Fache der Periodendauer der dem Übergang zwischen den beiden Hyperfeinstrukturniveaus des Grundzustands von Atomen des Nuklids 133Cs entsprechenden Strahlung.« Einfacher gesagt: Nach genau 9.192.631.770 Atomschwingungen ist eine Sekunde vergangen. Und weil in Deutschland Pünktlichkeit eine Zier und Zeit Geld ist, wurde im Jahr 1969 in

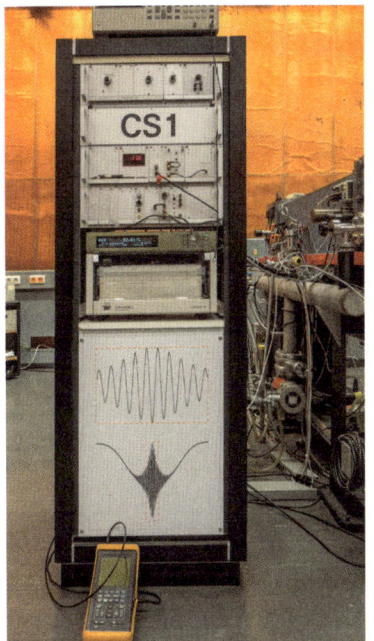

der Physikalisch-Technischen Bundesanstalt zu Braunschweig die Atomuhr CS1 in Betrieb genommen.

Sie tickte so schön richtig, dass man ihr 1978 mit dem Zeitgesetz die Verantwortung für die gesetzliche Zeit im Lande übertrug. Eine Nachfolgerin übernahm 1991. Bei der CS2 würde es etwa 30 Millionen Jahre dauern, bis es zu einer Abweichung von einer Sekunde käme. Ziemlich genau! Aber weil genau nur relativ ist, wird weiterhin an noch genaueren Uhren gearbeitet.

Die Wabbelscheibe

Ende der 1960er-Jahre: Gemeinsam gelang es den klügsten Wissenschaftlern, den kreativsten Technikern und den furchtlosesten Männern des Planeten, dem Erdtrabanten einen Besuch abzustatten. Ein aberwitziges Unterfangen, zumal sich die Computertechnik für die gigantische Datenmenge im Vergleich zu heute auf Steinzeitniveau befand. Als Speichermedien dienten Lochkarten und -streifen, endlose Magnetbänder und gestapelte Festplatten, deren gemeinsame Kapazität heute vermutlich auf ein paar Datensticks passen würde.

Die Idee für einen kleinen, praktischen Datenträger erdachte 1969 der Ingenieur Alan F. Shugart bei IBM. Er beschichtete eine dünne Kunststoffscheibe, die von einer quadratischen Papphülle mit Lesefenster umhüllt war und Daten nach dem Prinzip einer Festplatte speichern konnte, mit magnetisierbarem Material. Und weil die Scheiben mit etwa acht Zoll Durchmesser schön flexibel waren, taufte er seine Erfindung »Floppy Disk«, was auf Deutsch etwa »wabbelige Scheibe« bedeutet. Die ersten »Floppys« mit ca. 20 Zentimetern Seitenlänge und dazugehörigem Laufwerk kamen 1971 für die Computerserie System/370 auf den Markt. 1981 schrumpfte die Disc auf 3,5 Zoll und zog in bunte Plastikgehäuse, die wiederum ab etwa 2004 von den ersten bezahlbaren USB-Sticks abgelöst wurden.

Die gute alte »Floppy« ist längst ein Museumsstück oder schlummert in Rudeln unter alten DOS-Handbüchern auf dem Dachboden. Mit einer Ausnahme: das US-amerikanische Atomwaffenprogramm. Laut einem Bericht von 2016 wird ein Großteil des Raketenverteidigungssystems der USA noch immer von einem IBM-Computer aus den 1970ern gesteuert, der lediglich 8-Zoll-Floppy-Anschlüsse aufweist. Aber es wird durchaus darüber nachgedacht, ihn ein wenig zu modernisieren …

Dort hinein, wo's noch nix gibt

Man möchte sich fragen, wie um Himmels Willen die Leute in den 1960er-Jahren das Internet erfinden konnten, ohne zu googeln. In jenen Tagen des Kalten Kriegs suchte das US-Verteidigungsministerium nach einer Infrastruktur, die in der Lage sein sollte, auch nach Ausfall von Teilen des Systems durch einen Atomschlag weiterhin als Ganzes zu funktionieren.

Die revolutionäre Lösung gelang schließlich der Forschungsprojektagentur ARPA (Advanced Research Projects Agency), die ein dezentrales Netz mit Telefonleitungen herstellte. Allerdings hielt die Air Force nicht viel davon und verwarf die Ideen. Doch die ARPA-Leute waren fasziniert und versuchten, vier beteiligte Forschungsinstitute und Universitäten im Westen der USA miteinander zu verbinden. Die Hauptprobleme waren unterschiedliche Großrechner, fehlende Standards für den Datenaustausch und uneinheitliche Schnittstellen. Das Projekt wurde ausgeschrieben. IBM lehnte ab, weil sie eine Realisierung für unwirtschaftlich hielten. Das kleine Beratungsunternehmen BBN erhielt den Zuschlag. Die Idee: nicht die Großrechner untereinander verknüpfen, sondern sie an eigenständige Rechner, sogenannte IMPs (Interface Message Processor), anschließen und erst diese miteinander verbinden. Yes, Sir! Am 29. Oktober 1969 wurde das erste Wort von einem Computer zum anderen übermittelt.

Gut, der Rechner stürzte bereits beim »g« von »Login« ab. Aber aufgeben gilt nicht! Und so gelang es den »IMP-Guys« tatsächlich, zwischen den Orten Menlo Park, Santa Barbara, Los Angeles und Salt Lake City das funktionsfähige ARPANET zu knüpfen. Über Modems und Mietleitungen konnten die unterschiedlichen Rechner bald mit einer Geschwindigkeit von zunächst 50 kBit/s miteinander kommunizieren. Die Datenautobahn war eröffnet. Allerdings brauchte es noch zahlreiche geniale Ideen mehr, bis wir mit Boris Becker staunen durften: »Bin ich schon drin?«

Das gibt es seit 1969

1 Die Firma Makita bringt mit dem Modell 6500D ihren ersten Akkubohrschrauber auf den Markt.

2 Auf der Hannover Messe wird der erste Nadeldrucker, ein sogenannter Mosaikdrucker, vorgestellt, der auch chinesische Zeichen drucken kann.

3 In der DDR wird die optische Feuerraumsonde entwickelt, ein meterlanges, wassergekühltes Rohr mit Periskopoptik, mit dessen Hilfe man die über 1.000 °C heißen Feuerräume von Großkraftwerken überwachen kann.

4 Am 4. April wird in Houston, Texas, erstmals ein künstliches Herz implantiert. Das von Domingo Liotta entwickelte Kunstherz hielt den Patienten Haskell Karp 65 Stunden am Leben, dann verstarb er kurz nach der Transplantation eines Spenderherzens.

5 Auf der Internationalen Automobilausstellung wird die erste Generation eines elektronisch gesteuerten Anti-Blockier-Systems (ABS) präsentiert.

6 Die Auto Union GmbH fusioniert mit der NSU AG. Das Unternehmen heißt fortan Audi NSU Auto Union AG, heute Audi AG.

7 Die japanischen Firmen Compucorb, Sanyo, Sharp und Canon produzieren die ersten kommerziell vertriebenen Taschenrechner, die jedoch für die Allgemeinheit noch nahezu unerschwinglich sind.

8 Nach der weltweit ersten erfolgreichen Lebertransplantation am Menschen zwei Jahre zuvor (Denver, USA) gelingt das chirurgische Meisterstück am 19. Juni 1969 zum ersten Mal in Deutschland und Europa. Die Operation führt Jong-Soo Lee an der Chirurgischen Universitätsklinik Bonn durch.

9 Gestartet am 24. Februar, fliegt die Marssonde Mariner 6 am 31. Juli auf schneller Bahn in 3.431 km Entfernung am Mars vorbei und liefert insgesamt 75 Aufnahmen.

10 Der österreichische Waffenproduzent Steyr Mannlicher präsentiert mit dem Steyr SSG-69 (Scharfschützenge-wehr 1969) das weltweit erste serienmäßige Präzisions-gewehr mit Kunststoffschaft.

Die amerikanische Computerfirma Data General stellt den 16-Bit-Rechner »Nova« vor, der mit einer Zykluszeit von 800, später 300 Nanosekunden jahrelang als schnellster Minicomputer der Welt gilt und aufgrund seiner geringen Größe und hohen Stabilität vor allem auf den Schiffen der US Navy zum Einsatz kommt. **11**

Männer, die »roger« sagen

Als sich John F. Kennedy bei seiner Antrittsrede dem Ziel verschrieb, bis 1970 »einen Mann auf dem Mond landen zu lassen und ihn sicher zur Erde zurückzubringen«, ahnten wohl nur die wenigsten, was da auf die USA zukam. Insgesamt hatten die Zuständigen eine Liste von mehr als 10.000 Einzelfragen, die allesamt beantwortet oder entschieden werden mussten. Kann ein Mensch mehrere Tage in der Schwerelosigkeit überleben? Versinkt nicht jede Mondfähre im metertiefen Mondstaub? Wie gefährlich sind Meteoritenschauer? Und überhaupt, wie kommen wir eigentlich hin zum Mond? Zeitweise arbeiteten etwa 400.000 Menschen und über 100 Forschungsinstitute daran, alle diese Rätsel zu lösen.

Im Sommer 1969 stand das Ergebnis schließlich da: eine 36 Stockwerke hohe, 3.100 Tonnen schwere Mondmaschine aus rund 10 Millionen Einzelteilen, mit der ein nervenstarkes Trio in einer Kapsel aus millimeterdünnem Blech von 155 Millionen Pferdestärken ins All geschoben werden sollte. Die Jungs in ihren coolen Anzügen, die »roger« sagten statt »yes« und »negativ« statt »no«, verließen sich auf die NASA, die eine Verlässlichkeit ihrer Konstruktion von 99,9999 Prozent versicherten (nur 99,9 Prozent hätten rund 10.000 mögliche Fehlerquellen bedeutet). Bei einem Auto damaliger Zeit wäre damit erst nach 100 Jahren Laufzeit der erste kleine Defekt aufgetreten.

Und dennoch war es eine knappe Sache. Wegen diverser Probleme und einer Bahnänderung musste die Landefähre am Schluss manuell gesteuert werden. Als Armstrong und Aldrin auf der Mondoberfläche aufsetzten, hatten sie nur noch Treibstoff für 17 Sekunden im Tank und keinen Reservekanister dabei.

Und so war man, als Armstrong am 20. Juli 1969 um 20:17:58 Uhr (UTC) aus dem Mare Tranquillitatis nach Houston funkte: »The Eagle has landed!«, auf Mond und Erde wahrlich erleichtert. Denn für den Fall der Fälle hatte man Präsident Nixon schon eine Ansprache an die Nation formuliert, in der es unter anderem hieß: »Diese tapferen Männer,

Neil Armstrong und Buzz Aldrin, wissen, dass keine Hoffnung auf ihre Rettung besteht.« Na toll! Aber am Ende hat ja alles irgendwie funktioniert, und die Katastrophenrede blieb in der Schublade.

Die Jungs fingen Sonnenwinde ein, stellten Seismometer auf sowie ein Spiegelgerät, mit dem sich per Laserstrahl die Entfernung von Erde zu Mond auf wenige Zentimeter genau bestimmen ließ. Sie sammelten 27 Kilogramm Mondboden ein, schossen spektakuläre Fotos und drehten lustige Filme, ließen nicht zuletzt den wohl denkwürdigsten Satz der Technikgeschichte los und bestätigten zudem, dass das amerikanische Raumfahrtprogramm tatsächlich die »Speerspitze des technischen Fortschritts« bildete. Und wenn man bedenkt, dass die geschätzten Kosten von 20 bis 40 Milliarden Dollar mit »nur« 24 Milliarden sogar im Rahmen blieben, dann sollte sich so manches Millionengrab unserer Tage an der Mondreise ein Beispiel nehmen. Roger?

Eiskalte Stiel-Ikonen

Gegen Ende der 1960er-Jahre wurde es auch an den Kiosken, Büdchen und Trinkhallen immer bunter. Mal abgesehen von den schreienden Titelbildern der diversen Zeitschriften für Erwachsene, sorgten bei den Kindern die knalligen Pappschilder und Aufsteller von Langnese bzw. Eskimo für Aufmerksamkeit. Neben den Vanille-Schoko-Klassikern, wie Domino, Happen oder Nogger, zählten die fruchtig bunten Varianten Split, Capri und Jolly zu den Stiel-Ikonen. Aber wie gut, dass es immer wieder bahnbrechende neue Kreationen gab, in die man sein knappes Taschengeld investieren konnte: beispielsweise Twinni, das 1968 zuerst in Österreich auf den Markt kam – ein Wassereis, dessen obere Hälfte mit Schokolade überzogen war. Doch der eigentliche Clou bestand darin, dass es aus einer orangefarbenen und einer grünen Hälfte bestand, die jeweils mit eigenem Stiel ausgestattet waren. Ein Eis zum Teilen!

Nach dem Doppelstiel mit Orange-Birne-Geschmack überraschte 1969 Dingi Star bzw. Paiper die Gemeinschaft der Eislutscher mit einer völlig neuen Darreichungsform. Die Erdbeer-Orange-Eiscreme befand sich in einem Plastik- oder Papierhohlzylinder und konnte mittels eines beweglichen Kolbenstiels nach oben geschoben werden. Fortan war Eis essen möglich, ohne sich komplett zu bekleckern, aber ehrlich: Die Versuchung, das Eis weiter herauszuschieben als nötig, war einfach zu groß. Einige Jahre später erlangte diese denkwürdige Eis-am-Stiel-Technik – »Lieber gut geleckt als nicht geschleckt« – unter dem Namen Ed von Schleck Kultstatus.

Die Schwabbelwabbel-Tüte

Egal ob Wandertag oder Klassenfahrt, wenn wir 1969 Geborenen mit etwa zehn Jahren auf große Fahrt gingen, waren eigentlich nur zwei Dinge wichtig: wo und neben wem man im Bus sitzt und was Mutter als Reiseproviant eingepackt hatte. Eine Käsestulle, ein Schokoriegel und … das Größte nach Muhammad Ali: eine Capri-Sonne!

Die Boxlegende hatte uns 1979 in seinem ersten Werbespot selbst gesagt: »Capri-Sonne ist das Größte nach mir!« Und wir liebten dieses Fruchtsaftgetränk in seiner wabbeligen, silbrig glänzenden Verpackung, in die nur wahre Experten den spitzen Trinkhalm bohren konnten, ohne zu kleckern. Abbildungen von riesige Orangen oder Zitronen verhießen uns Geschmack und versprachen Vitamine, auch wenn Verbraucherschützer das Getränk später als »Wasser-Zucker-Aroma-Mixtur mit ein bisschen Fruchtsaft« titulierten.

Der 200-Milliliter-Standbodenbeutel wurde 1969 von den Deutschen SiSi-Werken auf den Markt gebracht und eroberte die durstigen Kinderkehlen im Sturm. Eine spacige Alutüte, die aussah, als könnte man sie sogar mit auf den Mond nehmen – nichts anderes durfte es sein.

Auch wenn die »Sonne« inzwischen zur »Sun« internationalisiert wurde und der unzerstörbare Beutel aus Aluminium, Polyester und Polyethylen plus Plastikhalm plus Plastikfolie heute einer Umweltkeule gleichkommt – allein die schwabbelwabbelige Haptik dieser Erfindung lässt doch Erinnerungen an unbeschwerte Tage aufleben.

Die Königin der Luft

Er war riesig, er war beeindruckend, und es passte jede Menge hinein: »Jumbo«, ein afrikanischer Elefant, der besonders in Amerika zum Synonym für gewaltige Größe wurde. Es brauchte schon eine Lokomotive, um den Koloss zu erschüttern. Tatsächlich starb das berühmte Zootier im Jahr 1885 nach der Kollision mit einem Zug. Sein Name wurde zur Legende, der man in den 1960er-Jahren Flügel verlieh. In jenen Tagen schien der Ingenieurskunst keine Grenze gesetzt, und alles Neue musste schneller, größer und effektiver sein. Auch die zivile Luftfahrt träumte von Riesenfliegern, die sämtliche Dimensionen der damaligen Zeit sprengen sollten.

»Wenn Sie es bauen, dann kauf ich es«, meinte der Chef der Pan American Airways. »Wenn Sie es kaufen, dann bau ich es«, erwiderte der Chef von Boeing. Alsbald war der bis dahin größte Einzelauftrag einer Airline unterschrieben, und die Techniker machten sich ans Werk, ein fliegendes Monstrum zu konstruieren. Allein um den gigantischen Vogel zusammensetzen zu können, errichtete das Boeing-Werk in Everett die bis heute nach Grundfläche und Volumen (39,9 ha, 13,3 Mio. m³) größte Halle der Welt.

Am 9. Februar 1969 absolvierte der 70 Meter lange und 355 Tonnen schwere Koloss seinen Jungfernflug. Angetrieben von vier gewaltigen Triebwerken, die locker einen Kleinwagen einsaugen konnten, bot die »seven-four-seven« Platz für über 550 Passagiere. Damit war sie, bis zum Erstflug des Airbus A380 im April 2005, das größte Passagierflugzeug der Welt. Auch wenn der Flieger mit dem markanten Buckel zunächst als »Pan Am Titanic« verunglimpft wurde, avancierten die Folgemodelle schnell zu erfolgreichen »Königinnen der Lüfte«, die als »Jumbo-Jets« die Luftfahrt revolutionierten.

Debbie wird geimpft

Was hatte man nicht schon alles unternommen, damit der Nationalfeiertag nicht ins Wasser fiel oder die Ernte verhagelt war. Da hatte sich die Menschheit über Jahrtausende darum bemüht, die Natur und ihre Gesetze unter ihre Kontrolle zu bringen, doch einige Bereiche widersetzten sich standhaft der Einflussnahme, allen voran das Wetter. Einerseits war man allen Naturgesetzen zum Trotz schon auf dem Sprung ins Weltall, andererseits konnte man nicht einmal das irdische Wetter verlässlich vorhersagen. Aufziehende Sturmwolken waren mit Böllerschüssen und sogar Raketen beschossen worden – keine Reaktion. Doch dann endlich gelang es einem amerikanischen Wissenschaftler, einer Wolke mittels chemischer Einspritzung einen Schneesturm zu entlocken.

1962 wurde das Projekt »Stormfury« ins Leben gerufen, bei dem man das Prinzip der »Wolkenimpfung« auf bedrohliche Wirbelstürme anwenden wollte, etwa so: Man nehme solch einen wild wirbelnden Sturm, schicke ein Flugzeug hinein und versprühe kleinste Partikel Silberjodid, und siehe, durch die frei werdende Wärme vergrößert sich das Auge des Sturms, und er dreht sich langsamer.

So weit die Theorie, doch wollte sich lange Zeit kein geeigneter Sturm blicken lassen: zu weit weg, zu nah an Land, zu unberechenbar, ein »schlechtes« Auge … Doch dann, im August 1969, kam »Debbie«. Ein perfekter Hurrikan, der vorbildlich die Küste der USA entlangwanderte. Der Angriff erfolgte mit 13 tollkühnen Fliegern. Und tatsächlich, der Sturm schwächte sich um 31 Prozent am ersten und um 18 Prozent am zweiten Tag ab, dann aber holte er sich erneut Kraft und brauchte, so wie das bei Stürmen eben ist, mehrere Tage, um abzuflauen. Ein vielversprechender Versuch, doch da die Stürme auch ohne Impfung ähnliche Verläufe nahmen, wurde das Projekt 1971 wieder aufgegeben. Es bleibt dabei, Wetter ist Wetter.

Der heißeste Doughnut der Welt

Wer eine eigene Sonne besitzt, ist klar im Vorteil. Angenommen, man könnte das tun und steuern, was die Sonne ständig macht, nämlich Wasserstoff zu Helium zu fusionieren, dann hätte die Menschheit ihr Energieproblem gelöst. Denn nur ein einziges Kilo Wasserstoff, das zu Helium verschmolzen wird, liefert so viel Energie, als würde man 11.000 Tonnen Steinkohle verheizen oder vier Kilogramm Uran spalten!

An den technischen Konzepten wurde weltweit bereits in den 1950er-Jahren gebastelt, und besonders die sowjetischen Physiker konnten mit ihrem »Tokamak« (Toroidalnaya Kamera Magnitnaya Katuschka, in etwa: toroidale Kammer, magnetische Spule) Erfolge verbuchen. Dieser Reaktor sieht im Wesentlichen aus wie ein überdimensionierter Dough-nut, dessen reifenförmige Reaktionskammer von starken wärmeisolie-renden Magnetfeldern umschlossen wird. In dem gewaltigen Hefeteil-chen russischer Art wird ein hoch verdichtetes Gas (das sogenannte Plasma) auf so hohe Temperaturen erhitzt, dass es – so die Theorie – zu Helium fusioniert und saubere Energie liefert.

1969 verkündeten die »Tokamak 3«-Physiker in Moskau, dass es ihnen tatsächlich gelungen sei, das Plasma – wenigstens für Sekunden – auf Temperaturen von einigen Hundert Millionen Grad zu erhitzen. Und wer es nicht glauben wolle, der solle doch kommen und die Ergebnisse persönlich überprüfen.

Man tat es, man war erstaunt, und man forschte fortan weltweit auf Basis des Tokamak-Prinzips. Doch erst 1991 gelang – für spektakuläre zwei Sekunden – erstmals eine echte Kernfusion, was bewies, dass eine kontrollierte Kernschmelze zumindest machbar ist.

Wenn Ur-Nerds spielen wollen

Diese Typen, die in ihrer Freizeit lieber vor dem Bildschirm hocken als mit der Familie Strandurlaub zu machen, gab es schon 1969. Kenneth Thompson und Dennis Ritchie gehörten eindeutig zu den ersten echten Nerds.

In jenen Tagen, als Computer noch als sündhaft teure Großrechner daherkamen und an PCs nicht im Traum zu denken war, begeisterten sich die beiden für das Computerspiel »Space Travel«. Sie arbeiteten als Programmierer bei den berühmten Bell Laboratories, die gerade mit dem Mehrbenutzerbetriebssystem »Multics« gescheitert waren. Es lief selbst auf den damals schnellsten Rechnern nur behäbig. Um ihr Multics-basiertes Weltraumabenteuer dennoch spielen zu können, griffen die Ur-Nerds auf einen ungenutzten »Kleinrechner« in Kleiderschrankgröße zu, der mit Lochkarten gefüttert wurde. Für dieses 70.000-Dollar-Schätzchen entwickelten sie ein eigenes minimalistisches Betriebssystem, das gerade genügend Funktionen aufwies, um damit auf Weltraumreise gehen zu können.

Dann waren sie ein paar Tage allein zu Haus, spielten ein wenig mit ihrer Genialität – und »Unix« war da. Bei der weiteren Entwicklung entstand nebenher noch die Programmiersprache C, die sich zu einer der bedeutendsten Programmiersprachen überhaupt mauserte. Als sie Unix schließlich an C angepasst und gebührend erprobt hatten, gaben sie ihre Arbeit für die Öffentlichkeit frei. Einfach, elegant und leicht bedienbar, dazu kostenlos, offen und mit anspruchsloser Hardware nutzbar, wurde Unix überaus erfolgreich. Und das bis heute, denn auch aus unserer Hightech-Gegenwart ist das Betriebssystem mit seinen verschiedenen Ausführungen nicht mehr wegzudenken. Es setzte die Standards, auf denen das Internet aufbaut, und sorgt in Smartphones, MP3-Playern und Fernsehern dafür, möglichst viel Leistung aus möglichst kleinen Chips zu holen. »Unix ist simpel. Es erfordert lediglich Genialität, um seine Einfachheit zu verstehen«, meinte Dennis Ritchie einmal. Ach ja, man muss sie einfach mögen, diese Nerds.

Lässig loungen ohne Lehne

Gegen Ende der 1960er-Jahre saßen die drei Italiener Piero Gatti, Cesare Paolini und Franco Teodoro beisammen, um etwas zum Sitzen zu erfinden. Sie wollten keinen sperrigen Stuhl und kein klobiges Sofa, sondern etwas Unkonventionelles, Zwangloses, das sich deutlich von den spießigen Polstermöbeln der Zeit abhob. Die drei Architekten erinnerten sich an die mit Laub gefüllten Jutesäcke, auf denen ihre Urahnen zu ruhen pflegten, und begannen zu experimentieren. Schließlich schufen sie einen birnenförmigen Textilsack, den sie mit den unterschiedlichsten Materialien füllten. Sie versuchten es mit Wasser und diversen Schaumstoffen, bis sie bei einfachen Styroporkügelchen landeten. Fertig war der »Non-Poltrona«, der Nicht-Sessel, der sich jeglicher Körperform und Haltung anpasst und ohne Stützen oder starres Gestell auskommt.

Die ersten Modelle aus robustem Segeltuch und Vinyl wurden 1969 auf der Pariser Möbelmesse vorgestellt. Rasch fand sich auch eine Produktionsfirma, doch sollte der Siegeszug noch ein wenig auf sich warten lassen. Letztlich sorgte eine Abbildung des »Sacco« in einer amerikanischen Zeitschrift für den durchschlagenden Erfolg. Die Manager der Kaufhauskette Macy's waren von dem flexiblen Möbel derart begeistert, dass sie gleich 10.000 Stück bestellten.

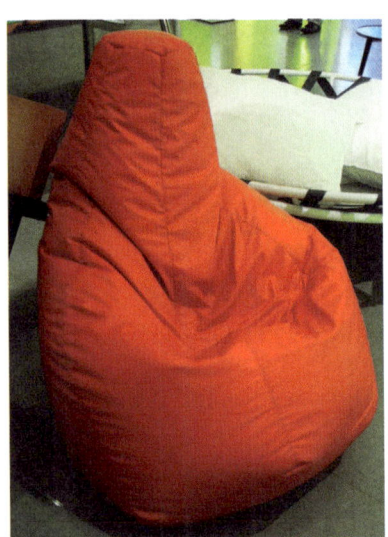

Nicht lange, und der entspannte Sack fand in nahezu jedem Kinder- und Jugendzimmer seinen Platz, bis er schließlich auch die Wohnzimmer eroberte und eine neue Art des lässigen Loungens einläutete. In der zwanglosen Wohnkultur der 1970er-Jahre avancierte der »Sacco«-Sitzsack schnell zur Stilikone.

Das Linienmännchen

Es war einmal ein italienischer Küchenhersteller, dem daran gelegen war, seine Ware mit einem neuen Werbekonzept zu lobpreisen. Da fand sich ein kreativer Kopf mit Namen Osvaldo Cavandoli. Er war ein Virtuose des Stifts, mehr der Schlichtheit denn der Farbe zugetan, und schätzte Gradlinigkeit mehr als schnörkelige Details. Nur eine einzige Linie sollte es sein, mit der er bewegte Geschichten erzählen wollte … So entstand 1969 »La Linea«, jenes einlinige TV-Männchen, das Mal gut gelaunt und herzlich, dann nörgelnd und zeternd über eine durchgehende Linie von einem Dilemma ins nächste marschiert.

»Lui« wurde zum Werbestar, der weder Baumärkte noch Hämorrhoidensalben scheute. Binnen kurzer Zeit liefen die 100 verschiedenen Folgen des großnasigen Linienmännchens in den Unterhaltungsprogrammen von rund 40 Ländern, heimsten zahllose Comic-Preise ein und machten seinen Urheber zur Künstlerlegende. Und wer erinnert sich nicht gerne daran, wie die ständig in einer Fantasiesprache brabbelnde Figur plötzlich das Ende der Linie erreicht, dann genervt vor dem gähnenden Nichts steht und laut schimpfend den Zeichner heranzitiert, dessen Stift wieder ein neues Szenario eröffnet, das dann mit prustendem Lachen oder bärbeißigem Grummeln quittiert wird.

Französisches Sonnenfeuer

Schon die alten Griechen holten die Kraft der Sonne vom Himmel. Mit geschliffenen Kristallen und polierten Spiegelflächen verdichteten sie die Sonnenenergie zu hohen Temperaturen. Ob es ihnen mit dieser Technik jedoch tatsächlich gelang, Schiffe gegnerischer Streitkräfte in Brand zu setzen, darf bezweifelt werden. Doch die Idee machte Geschichte. Nach dem Zweiten Weltkrieg gingen französische Wissenschaftler erneut daran, verschiedene Methoden zur Nutzung der Solarenergie zu untersuchen. Nach erfolgreichen Versuchen entstand in dem kleinen Pyrenäenörtchen Font-Romeu-Odeillo-Via einer der größten Solarschmelzöfen der Welt, der ab 1969 in Betrieb ging.

In 1.500 Metern Höhe treffen die Sonnenstrahlen auf 63 bewegliche Planspiegel, von denen jeder aus 180 Glasscheiben besteht. Jeder dieser Spiegel ist 45 m² groß und kann mit hydraulischen Winden so bewegt werden, dass er stets der Sonne folgt und jegliche Schatten vermieden werden. Von den Planspiegeln wird das Sonnenlicht auf einen großen, unbeweglichen Parabolspiegel gelenkt, der fast die gesamte Fassade eines elfstöckigen Gebäudes bedeckt. Er besteht wiederum aus 9.130 Einzelspiegeln (je 45 cm im Quadrat, Gesamtfläche 1.830 m²), die jeweils so ausgerichtet sind, dass sich ihre Reflexionen in einem Punkt konzentrieren. Auf diesen 45 cm großen Brennpunkt im 18 Meter entfernten Ofenhaus trifft somit eine Energie von 1.000 Kilowatt, mit der Temperaturen von 3.800 °C erreicht werden können – genug für Segelschiffe, ausreichend für Stahl.

Da jedoch in dieser Gegend Schiffe jeglicher Art recht selten sind, wird das 20.000-fach konzentrierte Sonnenfeuer hauptsächlich für metallurgische Hochtemperaturexperimente und Speziallegierungen genutzt und gilt als Meilenstein in der industriellen Verwendung von Sonnenenergie.

Zeitreise in die Antike

Während die einen bewiesen, dass man mit modernster Technik auf den Mond kommt, zeigten andere, dass man mit antiker Technik den Atlantik bezwingen kann. Tatsächlich machte Thor Heyerdahl im Sommer 1969 mit einer spektakulären Expedition zumindest in den Medien sogar der US-Weltraumbehörde Konkurrenz.

Bereits 1947 hatte der norwegische Abenteurer und Forscher für eine Menge Aufsehen gesorgt, als er mit dem Balsaholzfloß »Kon-Tiki« den Pazifik überquerte. Damals wollte er zeigen, dass Polynesien vielleicht von Südamerika aus besiedelt worden war.

Dieses Mal trieb ihn die Frage um, ob zwischen den 4.000 Jahre alten Hochkulturen von Mittelmeer und Mittelamerika ein Kontakt möglich gewesen sein könnte. Seine Theorie basierte auf den Ähnlichkeiten beim Pyramiden- und Bootsbau sowie den Gefäßmalereien und der Hieroglyphenschrift.

Vor den Pyramiden von Gizeh ließ er daher nach dem Vorbild alter ägyptischer Darstellungen ein 15 Meter langes Boot bauen. Benannt nach dem altägyptischen Sonnengott »Ra«, stach das Boot aus Papyrusschilf am 25. Mai 1969 von Marokko aus in See. Am 20. Juli, nur 1.000 Kilometer vor dem Ziel, musste die siebenköpfige Crew das Vorhaben schließlich aufgeben. Von mehreren Stürmen arg zerzaust, zerfiel die »Ra« und war am Ende nur noch ein treibender Heuhaufen.

Im Jahr darauf erreichte die »Ra II« nach 57 Tagen und rund 6.000 Kilometern über das offene Meer die karibische Insel Barbados. Das archäologische Experiment mit antiker Technik war tatsächlich gelungen. Zwar lieferte es keinen stichhaltigen Beweis für seine Theorie, eine technische Meisterleistung war es jedoch allemal.

Die sozialistische Rennflunder

Sicherlich, die Automobile der DDR hatten ihren ganz eigenen Charme. Doch weder das »Räng-täng-täng« der knatternden Zweitaktaggregate noch das praktische Plaste-Design von Wartburg, Trabant & Co. hatten bei sportlich ambitionierten Fahrern irgendwelchen Einfluss auf die Pulsfrequenz. Das sollte sich ändern, nachdem Autoenthusiast Heinz Melkus die Zentrale Sportkommission davon überzeugt hatte, ihn einen renntauglichen Sportwagen bauen zu lassen – selbstverständlich zum Wohle des Staats und sogar zu Ehren des 20. Jahrestags der DDR. Und natürlich sollte der Wagen komplett in der DDR gebaut werden.

Auf dem Fahrwerk des Wartburg 353 konstruierte Melkus einen Leichtbau-Rennsportwagen, der noch heute jedem Sportwagenfan das Herz höher schlagen lässt. 1969 stellte er das Ergebnis vor. Mit nur 1,07 Meter Höhe, langer Haube, fein geschwungenen Kotflügeln und eleganten Flügeltüren entsprach der Melkus RS1000 den Idealen seiner Zeit. Ein Renncoupé wie aus dem internationalen Motorsportbilderbuch. Nur wenn der Motor zum Leben erwachte – »Räng-täng-täng« –, war man wieder in der Planwirtschaft. Denn der 1.000-Kubik-Dreizylinder-Zweitakter trieb normalerweise Wartburg-Limousinen an. Nun gut, der Sound ließ Wünsche offen, aber dennoch holten die Techniker satte 70 PS, im Rennmodus gar 90 PS heraus, mit denen die nur 680 Kilogramm schwere Rennfluder furios auf bis zu 170 km/h beschleunigte. Und das waren in jenen Tagen Werte, mit denen man begeistern konnte.

Bis 1979 entstanden genau 101 Exemplare des Melkus RS1000, der als einziger rennsporttauglicher Wagen der DDR zur Legende wurde.

Profis fahren Capri

Die coolste, aus Stahlblech gedengelte Lederjacke, in die Amateurhelden Anfang der 1970er-Jahre schlüpfen konnten, um mit Pilotenbrille und riesigen Hemdenkragen vor den Eisdielen der Innenstädte zu patrouillieren, wurde im Januar 1969 auf dem Brüsseler Autosalon präsentiert. Auf der Bühne stand ein sportliches Coupé mit markanter »Hundeknochenschnauze«, langer Motorhaube und knackigem Heck. Es war eine gewagte Mischung aus Sportwagen und Familienlimousine: der Ford Capri.

Zugegeben, der Name weckte zunächst Erinnerungen an einen beschaulichen Italienurlaub, und das Fahrzeug war mit seinen 50 PS aus 1.300 ccm (0–100 km/h in 22,7 Sekunden) eher brav zu nennen. Doch die Linienführung rief deutliche Bilder jenes wilden »Mustangs« hervor, der seinerzeit über die amerikanischen Freeways preschte. Schon im Herbst rollte der Capri 2300 GT mit »scharfer« Nockenwelle, Doppelauspuff und nun 125 PS vom Band. Mit dem »Power-Buckel« auf der Haube, unter der verschiedene Motorvarianten bis zu 300 PS entwickelten, zeigte unter anderem Jochen Mass, dass der Capri auch als Rennauto sensationelle Qualitäten aufzuweisen hatte. Mass wurde mit dem Capri RS 1971 Deutscher Rundstrecken-Meister und 1972 Tourenwagen-Europameister.

Mitte der 1970er-Jahre verkam das stolze Muscle Car im Zuge der Ölkrise zum Ladenhüter und musste ab 1975 seine Spitzenposition an den Opel Manta B abgeben, der, verspoilert und tiefergelegt, von Röhrenjeansträgern in Cowboystiefeln gefeiert wurde. Die neue Generation der Amateurhelden fuhr Manta, während sich die Capri-Fahrer spätestens ab 1977 zu den Profis zählten durften. Zumindest fühlte es sich an, als sei man, wie die harten Jungs vom CI5, Bodie und Doyle, im Namen einer Majestät unterwegs. Im Dezember 1986 wurde die Produktion des Kultmobils nach insgesamt 1.886.647 Einheiten eingestellt.

Extraterrestrisches AZUR-Blau

Während sich die USA und die Sowjetunion beim Wettlauf zum Mond die Lunge aus dem Leib pusteten und sogar Länder wie Kanada und Italien schon ihre eigenen Satelliten in den Himmel gehängt hatten, sah es in Deutschland mit den extraterrestrischen Bemühungen noch relativ mau aus. Es hatte einige Jahre gedauert, die immensen technischen Herausforderungen zu bewältigen, doch am 8. November 1969 um 2:52 MEZ war es so weit: Von einem kalifornischen Raketenstartgelände aus hob eine vierstufige amerikanische Scout-B-Trägerrakete ab, die den ersten künstlichen Raumflugkörper Deutschlands ins All trug.

AZUR bzw. GRS-1 (German Research Satellite-1) war gewissermaßen das »Gesellenstück« der deutschen Weltraumforschung. An Bord befanden sich wissenschaftliche Gerätschaften mit einem Gewicht von 17 Kilogramm, mit denen der blau glänzende Satellit einige Experimente zu der kosmischen Strahlung, den Polarlichtern und zum Sonnenwind durchführte. Allerdings brach die Verbindung zu der 80 Millionen D-Mark teuren Eintrittskarte in den Klub der Raumfahrtnationen bereits am 29. Juni 1970 aus unbekannten Gründen ab. Auch wenn das Projekt die geplante Lebensdauer von einem Jahr nicht erreichte, war

GRS-1 ein wissenschaftlicher und technologischer Erfolg – und Deutschlands erster Schritt in die Unendlichkeit des Weltraums.

AZUR fliegt noch immer, wird bis heute regelmäßig erfasst und hat auf seiner stark elliptischen, fast polaren Umlaufbahn bereits mehr als 30.000 Erdumrundungen hinter sich gebracht.

TECHNISCHE DATEN VON AZUR:			
Gewicht:	72,6 kg	Erdnächster Punkt:	391 km
Länge:	115 cm	Erdfernster Punkt:	3.228 km
Durchmesser:	66,2 cm	Umlaufzeit:	122,7 min
Bahnneigung zum Äquator:	102,9°	Durchschnittliche Umrundungen pro Tag:	14,2501991

Die Sache mit den Haken

Die besten Dinge erfindet die Natur. Meist werden sie per Zufall erkannt und brauchen für ihren Erfolg einen starken Auftritt. So war es auch bei dem Schweizer Ingenieur George de Mestral, der nach einem Jagdausflug mal wieder zahllose Kletten aus Hundefell und Kleidern zupfen musste. Er sah sie sich genau an und entdeckte jene winzigen Häkchen, mit deren Hilfe sich Kletten mit Haaren und Fasern verbinden. Nach einigem Tüfteln fertigte er einen Verschluss aus Haken und Schlingen, den er schon in den 1950er-Jahren als »Reißverschluss ohne Reißverschluss« anpries.

Aus den französischen Wörtern Velours (Samt) und Crochet (Haken) formte er den Produktnamen »Velcro«. Und die Sache mit den Haken brachte alles mit, was eine erfolgversprechende Erfindung braucht: vielseitig verwendbar, einfach zu handhaben, günstig im Preis und mit hoher Lebensdauer.

Doch so recht wollte sich der ab 1959 produzierte »Touch-and-close-Verschluss« nicht durchsetzen. Um die Welt zu überzeugen, brauchte es tatsächlich Hilfe von ganz weit oben. 1969 benutzten die NASA-Astronauten auf ihren Reisen durch die Schwerelosigkeit seine Klettverschlüsse, um diverse Gegenstände in der Raumkapsel an Ort und Stelle zu halten. Bingo! Millionen von Zuschauern weltweit, eine bessere Werbung hätte sich wohl niemand wünschen können.

Lichtempfindlicher Geistesblitz

In den amerikanischen Bell Laboratories in New Jersey wird schon seit den 1920er-Jahren geforscht und entwickelt, um grundlegende Erkenntnisse für die Telekommunikation zu gewinnen. Unter anderem zerbrachen sich die beiden Physiker Willard Boyle und George E. Smith Ende der 1960er-Jahre über das ständige Problem der Datenspeicherung den Kopf.

Seinerzeit wurde beispielsweise mit sogenannten »Magnetblasenspeichern« experimentiert, deren Technologie zwar vielversprechend erschien, sich jedoch als energiefressende lahme Ente erwies. Boyle und Smith verfolgten diese Idee mit Halbleitern weiter und ersannen 1969 eine Technik mit »ladungsgekoppelten Bauelementen« (Charged-Coupled Device). Überrascht mussten sie feststellen, dass ihre CCD-Bauteile äußerst lichtempfindlich waren. Dabei erzeugte das Licht elektrische Ladungen, die als Signal weitergereicht und proportional zur eingestrahlten Lichtmenge ausgeben wurden. Ahaaa!? Kurz gesagt, die beiden hatten den CCD-Sensor entwickelt, der winzige Lichtpunkte (Pixel) in digitale Signale umwandelt. Dank dieser Chips lassen sich Bilder heute digital speichern und müssen nicht mehr auf Fotofilm übertragen werden: die Grundlage für die Digitalfotografie.

Doch die CCD-Technik revolutionierte nicht nur die Fotografie als solche, sondern ermöglichte auch neue Verfahren in Medizin (Minikameras) und Weltraumforschung (Weltraumteleskop Hubble). 40 Jahre nachdem sie ihren lichtempfindlichen Geistesblitz zum Patent angemeldet hatten, wurden die beiden Forscher 2009 mit dem Nobelpreis für Physik ausgezeichnet.

Die Unverbesserliche

Alle wollten Coca-Cola. Dabei war es nicht allein der Geschmack, der besonders die Jugend der 1960er-Jahre zur koffeinhaltigen Brause greifen ließ. Eine Flasche Cola war ein Stück amerikanisches Lebensgefühl, da sie, in automatisierten Fabriken hergestellt, relativ günstig war und darüber hinaus mit ihrer extravaganten Form und dem modernen Außenschraubgewinde richtig was hermachte. Daneben wirkten die Flaschen der deutschen Getränkeproduzenten mit ihren damals üblichen Hebelverschlüssen wie olle Pullen, die manche Hausfrau gar nicht erst auf den Tisch zu stellen wagte. Die unterschiedlichen Flaschentypen mussten nach Gebrauch umständlich sortiert werden, der Bügelmechanismus mit Porzellanverschluss war teuer und kompliziert und konnte nicht per Maschine angezogen werden, und zudem hatte der Metallbügel ein unschönes Rostproblem.

Im August 1969 stand auf dem Tisch der Genossenschaft Deutscher Brunnen die Lösung aller Flaschenprobleme: die »0,7-Liter-Normbrunnenflasche für Mineralwasser« oder Brunneneinheitsflasche, die als »Perlenflasche« Designgeschichte geschrieben hat. Entwickelt vom Industriedesigner Günter Kupertz, dem wir auch die Pril-Flasche und das AEG-Tastentelefon verdanken, wurde die Flasche mit griffsicherer Einschnürung, 230 gläsernen Glasnoppen und zischendem Schraubverschluss zum unverwechselbaren Alltagsgegenstand. Sein Modell wurde als gefällig, elegant und modern, handlich und sogar lebenslustig empfunden. Die wiederverwendbare Perlenflasche war die perfekte Antwort auf die amerikanische Popkultur: Sie ist bis heute zeitlos und einfach unverbesserlich.

Erst unfahrbar, dann unaufhaltbar

Als die internationale Motorsportbehörde Fia 1968 das Reglement für die Sportwagen-Weltmeisterschaft veränderte, indem sie die Hubraumgrenze von drei auf fünf Liter anhob, erkannte man in Zuffenhausen die Chance, in dieser Klasse auch mit der Marke Porsche einen Gesamtsieg einzuheimsen. Sofort machten sich die Konstrukteure daran, ein konkurrenzfähiges Auto zu bauen.

Für ihr »Go« verlangte die Fia 25 fahrtüchtige Exemplare mit mindestens 800 Kilogramm Gewicht. Schon im März 1969 überraschte Porsche auf dem Genfer Automobilsalon die gesamte Fachwelt mit dem Powerpaket Porsche 917. Unter einer Karosserie aus glasfaserverstärktem Kunststoff befand sich ein Gitterrohrrahmen, der erstmals aus verschweißten Aluminiumröhren bestand. Das luftgekühlte Zwölfzylinderaggregat hinter dem Fahrer konnte aus 4,5 Litern 520 PS mobilisieren. Das Publikum war begeistert.

Als allerdings die Fia-Kommission die 25 Rennautos überprüfen wollte, waren noch nicht genügend Bauteile vorhanden, sodass man auf dem Werksgelände 25 Kunststoffkarossen präsentierte, von denen nur eine Handvoll fahrbereit war. Unter den schnittigen Hüllen der anderen herrschte gähnende Leere, oder es waren Antriebswellen von Traktoren oder Bremsklötze aus Holz verbaut worden.

Die Fia-Leute merkten nichts und gaben ihr Okay. So weit, so tricky, allerdings weigerten sich die Werksfahrer, mit den unberechenbaren Kraftprotzen an den Start zu gehen. Als alle technischen Probleme beseitigt waren, wendete sich das Blatt mit dem ersten Sieg eines 917 beim 1.000-Kilometer-Rennen auf dem Österreichring im August 1969. Nun war er nicht mehr aufzuhalten. Souverän fuhr der 917 diverse Rekorde

ein und holte alle folgenden Markenweltmeisterschaften, sodass es selbst der Fia zu langweilig wurde und sie die 5-Liter-Serie wieder einstellte.

Na gut, dann wurde eben in den USA gefahren, wo in der CanAm-Serie nahezu alles erlaubt war und die meisten Renner mit bis zu neun Litern Hubraum unter der Haube an den Start gingen. Der 917 erhielt einen 5,4-Liter-Motor und wurde mit Turboladern bestückt, sodass er bis zu 1.400 PS Leistung abgab.

Bis 1973 dominierte der Wunder-Raser auch die amerikanischen Rennen und sollte dort dann ebenfalls durch Regeländerungen ausgebremst werden. Porsche stieg aus und setzte das technische Prinzip im 911 Turbo ein, der 1974 sein Debüt feierte.

Die volkseigene Farbröhre

Potz Blitz, da hatte man die Planwirtschaft der DDR doch unterschätzt. Zumindest war die Überraschung im Westen groß, als der östliche Bruderstaat im Oktober 1969 quasi über Nacht ins moderne Fernsehzeitalter hüpfte. Vom neuen Berliner Fernsehturm aus wurde ein zweites DFF-Fernsehprogramm aufgeschaltet, das fortan sogar in Farbe sendete.

So modern, so gut. Aber damit die Bevölkerung die gesendeten Sendungen auch sehen konnte, benötigte sie natürlich entsprechende Geräte. Und siehe: Pünktlich zum 20. Jahrestag der DDR im gleichen Jahr lieferte der volkseigene Betrieb VEB Fernsehgerätewerk Staßfurt einen entsprechenden Farbfernsehempfänger. Natürlich nicht irgendeinen: Während es in Westdeutschland ausschließlich Geräte mit Elektronenröhren gab, wurde der »Color 20« mit nicht weniger als 66 Transistoren ausgestattet und als erster volltransistorierter Farbfernseher Europas gefeiert. Alle Achtung! Und nur weil die russischen Bildröhren zu Hochspannungsüberschlägen neigten und ihre »garantierten« 1.000 Betriebsstunden nie erlebten, geriet der 3.700 DDR-Mark teure »Color 20« in Technikerkreisen in den Ruf, ein »Transistorengrab« zu sein. Natürlich nur inoffiziell. Aber ansonsten … Gut, aus politischen Gründen hatten sich die Verantwortlichen für den SECAM-Farbempfang statt für das PAL-System entschieden, das in England und der Bundesrepublik die Bilder bunt machte. Damit man also Westfernsehen in Farbe schauen konnte, war ein besonderer Decoder notwendig, aber dafür konnte man problemlos sowjetische Sendungen gucken. Außerdem mussten die kapitalistischen Nachbarn somit auf buntes Ostfernsehen verzichten. Wenige Jahre später wurden die Color-Nachfolger heimlich, still und leise gleich ab Werk mit einem PAL-Decoder bestückt.

Eine Spiel-Lern-Unterhaltungsmaschine

»Um die ständig komplizierter werdenden Aufgaben in Wissenschaft und Technik zu lösen«, deren man sich 1969 in der DDR ebenfalls sehr bewusst war, »muss auch der Mensch neue Hilfsmittel schaffen. Hilfsmittel, die es ihm ermöglichen, seine Gedanken von der Routinearbeit zu entlasten, um sie in den Dienst der schöpferischen Weiterentwicklung zu stellen. Ein solches Hilfsmittel ist der COMPUTER.« Und damit schon Jugendliche an die Grundlagen der Informatik herangeführt werden, entwickelte PIKO Sonneberg, der größte Modellbahnhersteller in Ostdeutschland, den ersten Spielecomputer der DDR: den »PIKOdat«. Ausgezeichnet mit zwei Goldmedaillen der Leipziger Messe, kam die Plaste-Kiste 1969 auf den Markt und fand für stolze 69,50 DDR-Mark ihren Weg in die Spielzimmer der jüngsten Computerpioniere.

Hatten die Benutzer das Gerät erst mal zusammengebaut, konnten sie nach Vorlagen 29 Programme zusammenstecken, die Berechnungen, Spiele oder ein Wissensquiz ermöglichten. Ähnlich dem westdeutschen »LOGIKUS«, aber technisch durchaus eigenständig, wurde die Lernmaschine mit Tastern, Schiebeschaltern und Steckbrücken programmiert. 13 Glühlämpchen, durchsichtige Plastikschablonen und beschriftete Pappstreifen zeigten das jeweilige Ergebnis an. Ganz klar, auch in der DDR war man von der zukünftigen Bedeutung des elektronischen Hilfsmittels überzeugt.

Der Multikulti-Palast

Am 5. Oktober 1969 stand Dresden Kopf. Mit einem gigantischen Festprogramm, an dem etwa 1.400 Künstler beteiligt waren, wurde der Kulturpalast der sächsischen Hauptstadt eröffnet. Von dem ursprünglichen Plan, der ein mehr als 100 Meter hohes Gebäude im sozialistischen Zuckerbäckerstil nach Moskauer Vorbild vorsah, war man wieder abgerückt. Aufgrund der hohen Kosten und des massiven Eingriffs in die Stadtsilhouette durch seine zentrale »Höhendominanz« wurden die Ideen für das »Haus der sozialistischen Kultur« radikal geändert. Nun stand am Altmarkt ein mächtiger Glas-Beton-Kasten – unten Naturstein, oben Aluminium und Glas und obendrauf ein profiliertes Kupferdach. Der recht flache, sachlich-transparente Baukörper bot einen rigorosen Bruch mit der umgebenden vormodernen Architektur.

Diesen »Palast« jedoch als formvollendet, attraktiv oder gar hübsch zu bezeichnen fiel schon damals nicht leicht. Aber praktisch war er. Der Mehrzwecksaal mit Kipp-Parkett (2.740 Plätze), das Studiotheater (192 Plätze), ein Restaurant (205 Plätze) und diverse Klubräume (584 Plätze) boten eine Stätte für diverse Zwecke, die bei Künstlern und Publikum rasch Anklang fand. 1969 war sie der größte Veranstaltungsraum in der damaligen DDR und faszinierte mit seinen Dimensionen und ausgefeilten technischen Möglichkeiten. Der »Kulti« etablierte sich als kultureller Mittelpunkt der Stadt und verzeichnete allein in den ersten zehn Jahren zwölf Millionen Besucher. Inzwischen ist der Dresdner Kulturpalast zum kultigen »Denkmal des industrialisierten Bauens der DDR-Moderne« aufgestiegen – und polarisiert noch immer. Nach mehrjährigen Umbauarbeiten wurde der Kulturpalast 2017 wiedereröffnet und entspricht heute abermals modernsten Ansprüchen – so wie damals, als die Dresdner Philharmonie den Saal enthusiastisch feierte.

Ein Gigant mit Kugel

Berliner lieben es, ihre diversen Sehenswürdigkeiten mit Spitznamen zu bedenken. Aber wer den Berliner »Fernmeldeturm 32« als »Telespargel«, »Imponierkeule« oder »Protzstängel« bezeichnet, der outet sich als Tourist. Die Berliner sagen »Fernsehturm«, der Rest ist eine kreative Mär der Stadtführer. Und er hat es auch gar nicht nötig. Von allen Seiten weithin sichtbar, gehört das 368 Meter hohe Wahrzeichen der Stadt zu den Top Ten der beliebtesten Ausflugziele im Land.

1964 begannen die Bauarbeiten für eine neue Sendeanlage, mit der das DDR-Regime der alltäglichen medialen Republikflucht ein Ende setzen wollte. Walter Ulbricht, seinerzeit SED-Parteichef und selbst ernannter Städteplaner, soll den Standort höchstpersönlich an einem Stadtmodell bestimmt haben: »Nu, Genossen, da sieht man's ganz genau: Da gehört er hin!«

Innerhalb von nur vier Jahren wuchs der Gigant in den Himmel und war bei seiner Inbetriebnahme im Oktober 1969 der zweithöchste Fernsehturm der Welt. Auf jeden Fall ist er ein imponierendes Monument der Nachkriegsgeschichte und ein einschüchterndes Symbol sozialistischer Baukunst. Kalter Krieg in Reinkultur. Denn nicht umsonst erinnert die Turmkugel an den Sputnik-Satelliten, mit dem die Sowjetunion 1957 der ganzen Welt eine lange Nase zeigte.

In der Tat ist allein die auf 213,78 Metern Höhe aufgespießte Kugel beeindruckend: Masse 4.800 t, Durchmesser 32 m, Volumen 17.000 m³ – mit einer Oberfläche aus über 1.000 Pyramiden, die der Außenhaut ein diamantenes Aussehen verleihen und Luftverwirbelungen verhindern. Der hochwertige rostfreie Stahl für die Außenhaut musste beim Klassenfeind im Westen besorgt werden. Ja, wirklich, aber »Pssst«, niemand weiß es … Und die Aussicht? Ist sie nicht wirklich schön? Und wie wäre es mit einem T-Shirt? Stempel, Bastelbogen, Parfümflakon?

Ein Luftzug auf Höhe null

Das Ding, das im Südwesten von Paris ab Mitte der 1960er-Jahre durch die Ebene flitzte, hätte perfekt in einen James-Bond-Streifen gepasst und hatte das Zeug, den Eisenbahnverkehr zu revolutionieren. Von einer umgekehrt T-förmigen Betonschiene auf Spur gehalten, schoss der »Aérotrain 01«, angetrieben von einem überdimensionalen Propeller, mit 345 km/h über die Teststrecke. Den Ingenieuren war es tatsächlich gelungen, die erfolgreiche Luftkissentechnik auf ein Schienenfahrzeug zu übertragen. Zwar flog der silberne Luftzug noch im Versuchsmaßstab 1:2 dahin, dennoch purzelten die Rekorde und ließen auf Großes hoffen. Spektakulär auch der »Aérotrain 02«, der mit einem Strahlentriebwerk aus der Luftfahrt 1969 sogar die 400-km/h-Marke knackte.

Im gleichen Jahr wurde nördlich von Orléans eine neue, 18 Kilometer lange Versuchsstrecke eröffnet, auf der Luftzüge in Originalgröße beweisen durften, was sie auf ihrem nur zwei bis drei Millimeter dicken Luftkissen zu leisten vermochten. Der »Aérotrain S44« (für »Suburbain«) erreichte mit 44 Fahrgästen an Bord bis zu 200 km/h. Mit seiner glatten Aluminiumhaut und der ummantelten Luftschraube am Heck beeindruckte der »Aérotrain I 80 « (»Interurbain«) seine 80 Fahrgäste nicht nur durch sein futuristisches Aussehen, sondern auch durch seine Beschleunigung auf 250 km/h. Später erreichte dieses schwebende Geschoss – getunt mit einer Jumbojet-Turbine – sogar sagenhafte 430 km/h.

Aber wie das so ist, wenn Innovationen etwas Herkömmliches in den Schatten stellen: Die staatliche Eisenbahngesellschaft hatte plötzlich Bedenken, obendrein den längeren politischen Hebel und sowieso Pläne für den »TGV« in der Schublade, sodass die »Flugzeuge ohne Flügel« in eine Halle verbannt wurden, verstaubten und Anfang der 1990er-Jahre verbrannten.

Stelzenwurm und Flüsterpfeil

In einem kleinen Dorf in den einsamen Weiten des Emslands träumt ein Junge von einer schwebenden Eisenbahn, die mit 1.000 Sachen durchs Land rauscht. Hirngespinste anno 1922!

Gut zehn Jahre und zahllose Kellerversuche später musste das Berliner Patentamt feststellen, dass es dem Jungen tatsächlich gelungen war: »… Körper mithilfe elektromagnetischer Kräfte entgegen der Erd- schwerkraft in der Schwebe zu halten.« Der Elektroingenieur Hermann Kemper erhielt das Patent zur Magnetschwebebahn und kam damit seiner Vision einen wesentlichen Schritt näher.

In den 1960ern interessierte sich auch die Industrie für Kempers berüh- rungsfreie, lautlose und materialschonende Fortbewegungstechnik und gründete 1969 eine Studiengesellschaft, die schließlich die Realisierung der Magnetschwebetechnik erarbeitete.

Nur ein Jahrzehnt später chauffierte die erste für den Personenverkehr zugelassene Magnetschwebebahn der Welt Besucher über ein Messe- gelände, und man errichtete in der Heimat des Erfinders eine 32 Kilo- meter lange Versuchsstrecke auf Stelzen. Fünf Meter über dem Boden und mit zehn Millimetern Schwebehöhe absolvierte der Transrapid mit bis zu 400 km/h zahllose Testfahrten. 1991 war der »Wurm auf Stel- zen« uneingeschränkt einsatzfähig und galt als Wunderwerk deutscher Ingenieurskunst. Und von der hellsten Kerze auf der Torte der Innova- tionen verlangte man nichts weniger als eine Verkehrsrevolution. Doch gewaltige Kosten und 23 Unfalltote sorgten Anfang der 2000er für das Aus des »flüsternden Pfeils«.

Der deutsche Techniktraum wurde an China verkauft, wo heute die welt- weit einzige Magnetbahnverbindung im Alltagsbetrieb fährt. Auch Japan hat die Flüsterbahn weiterhin auf dem Zettel und mit dem Magnetschwebe- zug Maglev (Magnetic Levitation) bereits die 600-km/h-Marke geknackt.

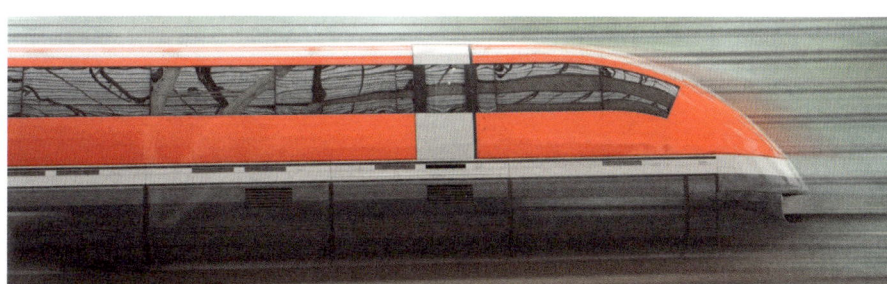

Der akademische Gipfel

Der nach Alfred Nobel benannte Preis, der seit 1901 jährlich an Personen und Organisationen für herausragende Leistungen in verschiedenen Fachgebieten verliehen wird, ist eindeutig die höchste Auszeichnung, die einem Wissenschaftler zuteilwerden kann. Neben der allgemeinen Anerkennung einer gelehrten Errungenschaft (die dem »Normalverbraucher« zumeist ein Rätsel bleibt) bieten die ausgezeichneten Arbeiten eines Jahres stets auch einen ungefähren Eindruck dessen, was die akademische Welt in jenen Jahren beschäftigte.

1 Der Amerikaner Murray Gell-Mann war Physikprofessor am California Institute of Technology (Caltech), wo er fundamentale Beiträge über stark wechselwirkende Teilchen entwickelte, wofür er den Nobelpreis für Physik erhielt. Seine weiteren Forschungsthemen waren Quantenfeldtheorie und Elementarteilchenphysik, und er beteiligte sich an der Entwicklung der Supergravitations-, der Kaluza-Klein- und der Stringtheorie.

Der Engländer Sir Derek H. R. Barton und der Norweger Odd Hassel teilten sich 1969 den Nobelpreis für Chemie, den sie »für ihre Arbeiten in der Entwicklung des Begriffs der Konformation und dessen Anwendung in der Chemie« erhielten. Im Grunde geht es um die dreidimensionalen Raumkoordinaten, mit denen alle Atome eines Moleküls beschrieben werden.

3 Den Nobelpreis für Physiologie oder Medizin teilten sich 1969 die amerikanischen Biophysiker Max Delbrück, Alfred Day Hershey und Salvador Luria. Ihre Entdeckungen, wie der Vermehrungsmechanismus und die genetische Struktur von Viren, schufen die Grundlagen der modernen Molekularbiologie und Genetik. Zitat Max Delbrück: »Die ganze Sache mit dem Nobelpreis ist ja so eine ulkige Angelegenheit. Plötzlich über Nacht wird man zum Fernsehstar. Wie kommt man dazu? Man kommt dazu wie die Jungfrau zum Kinde. Man weiß nicht, wie.«

4 Als Sonderorganisation der Vereinten Nationen ist die Internationale Arbeitsorganisation (IAO) damit beauftragt, soziale Gerechtigkeit sowie Menschen- und Arbeitsrechte zu befördern. Für ihre Tätigkeit zur Sicherung des Weltfriedens erhielt sie 1969 den Friedensnobelpreis.

5 1969 wurde erstmals ein Preis für Wirtschaftswissenschaften der schwedischen Reichsbank im Gedenken an Alfred Nobel (Wirtschaftsnobelpreis) vergeben. Ausgezeichnet wurden der norwegische Ökonom Ragnar Fritsch und der niederländische Mathematiker Jan Tinbergen für ihre Verdienste um ökonometrische Modelle. Mithilfe mathematischer Methoden und statistischer Daten gelang es Ihnen, wirtschaftstheoretische Modelle empirisch zu überprüfen.

6 Der Nobelpreis für Literatur ging 1969 an den irischen Schriftsteller Samuel Beckett, der mit sinnbefreiten Dialogen im Theaterstück »Warten auf Godot« bis heute für Verwirrung sorgt.

Gen-ial

»Aber wirklich, ganz der Papa!« oder »Aber die Nase, die Nase ist eindeutig von der Mutter!« – so, oder so ähnlich, ließen sich viele Anverwandte vernehmen, als sie sich 1969 über unsere Wiege beugten, um sich ein erstes Urteil über den neuen Erdenbewohner zu bilden. Viele Jahre später erfuhren wir, als wir mit Mutters Nase und Vaters Kinn, Omas Locken und Opas Augenfarbe dem Biologieunterricht zu folgen versuchten, dass wir ein Ergebnis der natürlichen Genetik waren. Wir hörten von den Erbsenversuchen eines Gregor Mendel und versuchten, uns das Wort Chromosomen und Doppelhelix zu merken sowie den Kunstbegriff Desoxyribonukleinsäure fehlerfrei auszusprechen. Doch rasch merkten die meisten von uns, dass dieses Thema wohl nur von echten Bio-Cracks verstanden wird, und überließen ihnen sowohl Nukleotide als auch eukaryotische Zellen.

Zugegeben, uns war auch der amerikanische Biochemiker Jonathan Beckwith ziemlich egal, dem es in unserem Geburtsjahr gelang, erstmals aus einem Bakterium ein einzelnes Gen zu isolieren, was als sensationeller Meilenstein der Genforschung gefeiert wurde. Den meisten von uns wurde wohl erst deutlich, dass die Genforschung sehr viel mehr bedeutete als die Form unserer Nase, als »echte« Dinos durch den Jurassic-Park tobten, Klonschaf Dolly zum Star wurde und wir eben jene Nase missbilligend über genmanipulierten Mais rümpften.

Jon Beckwith gehört übrigens noch heute zu den führenden Forschern, die sich äußerst kompetent mit den sozialen Folgen und den ethischen Konsequenzen der Genetik auseinandersetzen.

Fallende Äpfel und schwere Wellen

Physiker wissen vieles – beispielsweise wie man drei Menschen mit der Kraft von 40 Boeing-Jumbos ins Weltall schickt. Warum jedoch ein Apfel vom Baum fällt, blieb ihnen lange ein Rätsel.

Sicherlich, da gab es Newtons Gedanken zur Schwerkraft und natürlich Einsteins Theorien, aber die Fragen nach dem Wieso, Weshalb und Warum blieben. Ermutigt durch technische Fortschritte beim Bau von Messgeräten und angespornt durch astronomische Entdeckungen, machten sie sich in den 1960ern daran, die Schwerkraft mit außergewöhnlichen Experimenten zu erforschen und Einsteins mathematische Theorien zu prüfen.

1969 verkündete der amerikanische Astrophysiker Joseph Weber, er sei der Lösung des Naturrätsels Schwerkraft einen großen Schritt nähergekommen. Mit tonnenschweren Aluminiumzylindern, die in luftleeren Kammern bei –240 °C weitgehend gegen störende Nebenerscheinungen abgeschirmt wurden, sei es ihm gelungen, sogenannte Schwerewellen nachzuweisen. Diese Strahlung, die aus der Tiefe des Alls kommend auf die Erde träfe, entspränge wahrscheinlich explodierenden Gestirnen oder zusammenstürzenden Sonnensystemen und sorge letztlich dafür, dass ein Apfel so fällt, wie er fällt. Der Nachweis solcher Schwerkraftimpulse war zugleich der erste experimentelle Nachweis für Einsteins allgemeine Relativitätstheorie.

Vielleicht, so vermutete Weber, könnten die Schwerewellen sogar über die Entstehung des Weltalls Auskunft geben. Die 1969 veröffentlichten Resultate waren unter Physikerkollegen durchaus umstritten, allerdings eröffneten sie der Forschung ein neues Fenster für das Studium des Universums.

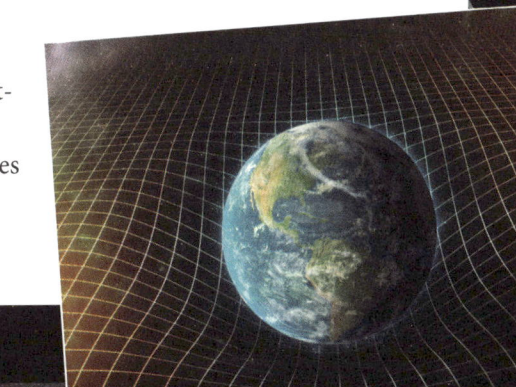

Captain America

Die meisten Jungs, die im Dezember 1969 aus dem Kino kamen, wollten plötzlich ihr Leben umkrempeln: statt Schlips und Kragen lieber eine Fransen-Lederjacke, statt chillen an der Riviera cruisen über die Route 66 und statt deutschem Limousinentraum eine verchromte Harley Davidson. Einmal so lässig durch das Land der unbegrenzten Möglichkeiten brausen wie Peter Fonda und Dennis Hopper in »Easy Rider« – und hinter dem Blubbern der Motoren spielt Steppenwolf ihre Biker-Hymne »Born to be wild«.

Der absolute Star der spektakulären Roadmovies war Fondas Maschine »Captain America«. Denn spätestens jetzt wussten auch die deutschen Motorradfans, wie ein echter Chopper auszusehen hatte. Aus ersteigerten Polizeimotorrädern (1951er Harley-Davidson FL mit 1207 ccm Panhead-Motor, Vierganggetriebe und Starrahmen) hatte die Filmcrew etwas gechopt (to chop: abhacken, wegschrauben), das bis heute als berühmteste Filmmaschine aller Zeiten gilt und in den folgenden Jahrzehnten tausendfach nachgeahmt wurde. Zunächst braucht es eine endlos lange Tele-Gabel mit Apehänger-Lenker, Bauteile wie Rahmen, Motordeckel, Gabelrohre und Rastenanlage müssen natürlich verchromt sein, der Tropfentank mit Stars-and-Stripes-Lackierung ist Pflicht, genau wie das ungefederte 120er Hinterrad, während das 21zöllige Drahtspeichen-Vorderrad locker auf Kotflügel und Bremse verzichten kann. Dafür darf man sich sein Hinterteil von einer extrem schmalen Sitzbank mit Nieten durchwalken lassen, während man sich locker an die hohe Sissybar lehnt, hinter der spektakuläre Fishtail-Auspuffendstücke fürs Ohrenkino sorgen. Ein Traum für echte Eisenärsche.

Und nicht zu vergessen: ein extrem gutes Schloss, da die beiden Maschinen, die nicht geschrottet wurden, noch vor Drehende gestohlen wurden! Ein nachgebautes oder restauriertes Exemplar (man ist sich da nicht ganz sicher) von Captain America wurde 2014 für 1,35 Millionen US-Dollar an einen unbekannten Bieter versteigert. Bis dahin die höchste Summe, die je für ein Motorrad erzielt wurde.

Spaßmobil mit Kante

Gegen Ende der 1960er-Jahre stand die sportliche Mobilität hoch im Kurs. Auch die deutschen Autobauer waren auf der Suche nach einem Spaßmobil, das sowohl sportiv als auch bezahlbar sein sollte. Und weil es bei Porsche kein preiswertes Einsteigermodell für junge Kunden gab und der VW-Sportwagen Karmann-Ghia inzwischen technisch veraltet war, vereinbarten die beiden Firmenchefs per Handschlag die Entwicklung eines gemeinsamen Projekts, das sie VW-Porsche nannten.

Die Entwickler verabschiedeten sich von den schwülstigen Formen der Vergangenheit und setzten auf eine sachlich-nüchterne Linie mit klarer Kante. Es entstand ein leichtes Zweisitzer-Coupé mit luftgekühltem Mittelmotor und abnehmbarem Targa-Dach, das im Kofferraum verstaut wurde. Die Klappscheinwerfer waren der letzte Schrei, die integrierten Stoßfänger für das Autodesign der damaligen Zeit ungewöhnlich. Heute ist man sich einig, dass der VW-Porsche 914 selbst in seiner schwächsten Version mit 80 PS eine durchaus gelungene Konstruktion war, die mit Fahrleistung, Fahrverhalten und erst recht mit dem Fahrerlebnis überzeugte. Doch bei seiner Premiere auf der IAA im September 1969 erntete der VW-Porsche reichlich Hohn und Spott. »Vom Käfer die Natur, vom Porsche die Figur«, reimten die Journalisten. Und so wurde der »Volks-Porsche«, den einige mit »VoPo« – wie die Volkspolizisten der DDR – abkürzten, in seiner Heimat ein Flop. Eine Tatsache, die nicht zuletzt den Streitigkeiten zwischen den Firmen geschuldet war.

Die Amerikaner hingegen liebten den kleinen Flitzer. Drei Viertel der insgesamt gut 120.000 gebauten Einheiten gingen in die USA. Zwar wurde die Produktion der kantigen Fahrmaschine schon 1976 eingestellt, ein Hingucker ist sie bis heute.

Freiluftmusik

Sie wollen eine Freiluftveranstaltung durchführen, die wegen schlechten Wetters, schlechter Organisation, Verkehrskollaps und konsumierter Rauschmittel zu einer mittleren Katastrophe gerät, als finanzielles Desaster endet und trotzdem als Legende in die Geschichte eingeht?

Hier ein paar technische Hinweise: Mieten Sie das 240 Hektar große Gelände eines Milchbauern und stellen Sie alle Nachbarn mit Schecks in unbekannter Höhe ruhig. Dann lassen Sie in drei Wochen von rund 400 Handwerkern neue Straßen, Strom-, Telefon- und Wasserleitungen bauen, währenddessen Sie die Werbetrommel rühren und insgesamt 32 Künstler für einen Auftritt gewinnen. Die Bühne sollte 20 × 15 Meter groß sein. Am besten eine Drehbühne, damit die Wechsel schneller vonstattengehen (auch wenn sie hinterher nicht funktioniert). Eine kleine Nebenbühne ist fein, auf der sich die Stars nebenher warmspielen können. Als Soundgeber haben sich zwei 21 Meter hohe Metallgerüste bewährt, an denen neben mannshohen, 500 Kilogramm schweren Lautsprecherboxen auch jeweils zwölf 5.000-Watt-Scheinwerfer hängen. Und damit man auch ganz hinten etwas hört, soll es insgesamt 16 Lautsprecherbereiche geben. Für die Aufnahme des Ereignisses platzieren Sie zwei Achtspur-Tonbandgeräte in einem Sattelschlepper und sorgen spätestens alle 25 Minuten für einen Bandwechsel.

Um Rückkopplungen bei hohen Lautstärken zu vermeiden, bietet sich ein neues Mikrofonsystem an. Insgesamt sollten Sie dafür einige Hundert Kilometer Stromkabel einkalkulieren. Da frische Luft (und anderes) hungrig macht, müssen Sie damit rechnen, dass bereits am ersten Tag über 500.000 Hamburger und Hot Dogs über die Tresen gehen. Also sorgen Sie bitte für freie Wege und regelmäßigen Nachschub, sonst ist am zweiten Tag Feierabend, und die Nachbarn verdienen sich mit Hühnersuppen und Sandwiches ein goldenes Näschen. Und seien Sie nicht so geizig mit den mobilen Toilettenhäuschen, 600 reichen vielleicht für 100.000 Besucher, aber was geschieht, wenn sich die Zahl vervierfacht?

Außerdem sollten die rund 50 freiwilligen Ärzte nicht erst eingeflogen werden, da sie in drei Tagen 5.162 Mal benötigt werden. Ach ja, das Traktorfahren auf dem Gelände sollte dringend verboten werden. Wenn Sie dann noch wegen des Ansturms und fehlender Absperrungen auf die Eintrittsgelder verzichten und im Nachhinein einen Großteil der Tantiemen aus Film- und Tonaufnahmen abtreten, haben Sie das Zeug dafür, mit einem Festival in die Geschichte einzugehen – wie das »Woodstock Music & Art Fair«, das vom 15. bis 18. August 1969 in der Kleinstadt Bethel, New York, über die Bühne ging.

Ausnahme mit 29 Etagen

Grundsteinlegung 1966, Richtfest 1968, Einweihung 1969 – und ab dem 24. Februar 1969 begannen die ersten 300 Volksvertreter ihre Arbeit. Mit dem neuen Abgeordnetenhaus am Rheinufer hatte die Bundesregierung nach langem Hin und Her endlich ein vorzeigbares Zuhause, das dem bisherigen Provisorium ein Ende bereitete. Das als »Langer Eugen« bezeichnete Hochhaus – der Name geht augenzwinkernd auf den zur Bauzeit amtierenden Bundestagspräsidenten Eugen Gerstenmaier zurück, der eher klein gewachsen war – wurde zur Schreibstube der Nation und Mittelpunkt des parlamentarischen Lebens in der damaligen Hauptstadt.

Den Entwurf für das 29-stöckige, 115 Meter hohe Abgeordnetenhaus lieferte Egon Eiermann, der bedeutendste deutsche Architekt der Nachkriegsmoderne. Der damals einsame Hochhausriese beeindruckt bis heute mit seiner fein proportionierten Fassade und wurde trotz diverser Um- und Anbauten bereits 1997 zum Denkmal erhoben. Denn hinter der Fassade verbirgt sich eine echte Besonderheit. Zwar gehört das

ehemalige »hohe Haus« längst nicht mehr zu den höchsten Gebäuden des Landes, das komplette Tragwerk jedoch besteht ausnahmsweise nicht aus Beton, sondern aus Stahl. Somit ist es das höchste Stahlgebäude Deutschlands.

Auch nach dem Umzug von Regierung und Parlament nach Berlin behielt es seinen Ausnahmestatus. Weil 2006 verschiedene Institutionen der UN einzogen, genießt der »Lange Eugen« heute die diplomatischen Vorzüge und Ausnahmeregelungen als exterritoriales Gebiet.